广 东 科 学 技 术 学 术 专 著 项 目 资 金 资 助 出 版

智能配电网的用电可靠性

张勇军　陈　旭　欧阳森/著

科 学 出 版 社
北　京

内 容 简 介

更高的可靠性是智能配电网最显著的特征之一，也是智能配电网的重要目标，研究智能配电网的用电可靠性是电力系统领域的一个重要方向。本书内容共 8 章，涉及智能配电网发展现状与趋势、用电可靠性的概念及影响因素、用电可靠性指标体系和评价方法、主动配电网用电可靠性场景分析、电压暂降实验研究、用电可靠性提升方法及能源互联网背景下的用电可靠性研究。

本书适合高等院校电力及相关专业的师生阅读参考，也可供从事智能配电网规划和可靠性分析的研究人员阅读。

图书在版编目(CIP)数据

智能配电网的用电可靠性/张勇军，陈旭，欧阳森著. —北京：科学出版社，2019.4

ISBN 978-7-03-060983-0

I. ①智… II. ①张… ②陈… ③欧… III. ①智能控制—配电系统—安全用电 IV. ①TM727

中国版本图书馆 CIP 数据核字(2019)第 065447 号

责任编辑：郭勇斌 邓新平 / 责任校对：邹慧卿
责任印制：张 伟 / 封面设计：无极书装

科学出版社 出版
北京东黄城根北街 16 号
邮政编码：100717
http://www.sciencep.com
北京厚诚则铭印刷科技有限公司 印刷
科学出版社发行 各地新华书店经销
*
2019 年 4 月第 一 版 开本：787×1092 1/16
2022 年 1 月第四次印刷 印张：10 1/2
字数：240 000
定价：78.00 元
（如有印装质量问题，我社负责调换）

前言

目前，我国在中高压用户的供电可靠性方面已进行了大量研究工作并取得明显进步，但由于技术手段的局限，用电可靠性的统计分析工作尚处于起步阶段。国内配电网供电可靠性评估采用面向系统的供电可靠性指标体系，统计范围仅计及中高压用户，但随着电网的发展，智能电网、能源互联网、分布式电源、电能质量、主动配电网等新概念和新发展层出不穷，这些新内容和新应用的交错发展对可靠性造成许多影响，使其面临许多新问题。此外，电力用户日益重视和依赖电能，随着售电市场的逐步开放，基于用电体验的可靠性概念必然会逐渐成为市场的主流思想。

随着分布式电源、储能、充电桩等技术的应用，用户获取电能的方式不断丰富，用户的真实用电体验并不完全依赖于电网的供电水平。另外，随着电网的发展，短时停电和由电能质量问题引起的停电或设备停运事故越来越常见，虽然这对电网安全稳定没有多大影响，但对用户而言这些问题的危害不亚于持续停电事件，甚至损失更严重。因此，用电可靠性的考察内容不仅要全面反映停电事故，更要考虑用户用电体验，在现有可靠性评估指标的基础上进行完善细化，具体包括：①用户侧电能供给的持续性；②用户获得的电能可用度，主要包括电能质量问题（尤其是电压暂降和低电压）引起的系统不停电而用户停电或部分设备停运的情况。

所以，目前供电可靠性这套评价指标的局限性愈发明显：①由于低压线路设施故障、复电信息传达、非线性负荷接入等因素，用电用户直观感受的电力可靠性远差于供电企业公布的指标，使用户体验改善工作事倍功半；②面向系统的、不考虑电能可用度的传统评价指标体系已不能满足供售电企业配电网精细化管理和售电市场深度开发的新要求；③传统供电可靠性评估无法适用于主动配电网，主动配电网的运行控制需要一套更精细化更贴近用户的可靠性指标。

一些发达国家广泛采用标准 IEEE Std 1366TM—2012，且统计范围均已延伸至每个用户，即将传统的供电可靠性指标体系延伸到中低压配电网，并从停电频率、持续停电时间、可靠率三个方面描述供电可靠性。针对用户侧的可靠性问题，国内也开展了相关技术研究和试点工作。现有的用电可靠性研究工作主要集中于可靠性统计范围向低压用户拓展的可行性方法探索，常用方法有概率统计、故障模拟等。此外，现有文献已对电能质量与可靠性之间的关系进行分析研究。比如，已有文献论证了在供电可靠性定义中考虑电压暂降问题的必要性，并建议增加事件次数、暂降能量和经济损失三类补充指标，但其仅针对电压暂降进行补充，未能全面反映电能质量对用电可靠性的影响。整体而言，目前国内尚缺乏用电可靠性的统一定义、指标体系及评估方法。

针对上述问题，结合配电网规划现状及其发展趋势，本书对用电可靠性进行系统性探索。在探讨供电可靠性与用电可靠性方面，作者认为，除了停电频率、持续停电时间和可靠率三个方面，用电可靠性指标体系还需考虑短时停电、重复停电概率、电能质量问题、用户侧与供电侧可靠性水平差距等问题。因此，为了全面切实反映用户实际获得的可靠性水平，有必要对可靠性评估指标进行完善细化。此外，用电可靠性指标确实对可靠性的监测统计分析工作提出了更高要求，用户对电能的要求在提高，供电企业也在寻求更精细化更贴近用户的管理方法，因此作者认为更具体的用电可靠性分析符合电网发展的趋势。虽然统计的工作量稍有增大，但用电可靠性指标体系能够更细致地反映可靠性问题所在，更便于指导供电企业的改造工作和精细化管理。

建立一套能够较完整切实反映用户实际用电体验的可靠性指标体系，可以为供电企业和用户提供更有效的评价标准。与现行的指标体系相比，用电可靠性指标体系全面反映了短时停电、电能质量、复电信息传递效率、低压配网可靠性等问题，能够有效表征用户用电可靠性和用电体验，也为电网企业提升客户满意度、发现可靠性薄弱环节提供指导，这比供电可靠性指标直接应用到用户侧更为可靠和实用。因此，本书建立的这套指标既适用于供电企业，也适用于用户（尤其是对可靠性要求较高的大用户）。反映用户用电体验的指标很可能不能全部成为标准，但必然会成为用户关注的对比性指标。用户通过比对各项指标进行供电服务选择或议价，这恰恰就是（电力）市场化的必备要素，也是目前国内外电力市场的主要区别之一。

从目前电力市场化的发展来看（尤其是售电侧改革），电网企业和用户已经逐步产生了各自的新的评价需求。在这片蓝海领域，经用户认可的可靠性指标、电能质量指标与电价策略将不再只停留在纸面，这同时也是电网企业精细化管理的必然需求。

本书第 1 章和第 2 章主要由陈旭执笔，第 3 章和第 6 章主要由欧阳森执笔，第 4 章 4.1 节、4.3 节和 4.4 节主要由叶琳浩执笔，第 4 章 4.2 节和第 5 章主要由刘利平执笔，第 7 章和第 8 章主要由张勇军执笔。全书在撰写过程中得到了刘丽媛、莫一夫、黄廷城、郝金宝、陈丹伶、陈泽兴、刘泽槐等研究生及广州市奔流电力科技有限公司的蔡广林、黄春艳等的协助，由张勇军、陈旭和欧阳森统稿和校对。

本书得到了广东科学技术学术专著项目和中国南方电网有限责任公司科技项目（ZBKJ00000009）的大力支持，在此深表谢意。由于编写时间及作者水平所限，书中难免有疏漏之处，还望读者不吝赐教。

作　者

2018 年 6 月

目　录

第1章 绪　论

1.1 配电网的供电可靠性

1.1.1 电力系统可靠性的基本概念

可靠性是指一个元件、设备或者系统在预定的时间内，在规定的条件下完成规定功能的能力。它综合反映了对象的耐久性、无故障性、维修性、有效性和使用经济性等性质[1]。

可靠性贯穿在产品和系统的整个开发过程中，形成了可靠性工程这门学科。可靠性工程涉及元件失效数据的统计和处理、系统可靠性的定量评定、运行维护、可靠性和经济性的协调等各个方面，具有实用性、科学性和实践性三大特点。可靠性工程提供评估理论、实用工具和方法，评估对象在规定的环境下、规定的时间内以给定的置信水平无故障地执行其设计功能的能力，规定、预测、设计、试验或仿真模拟对象可靠性性能，监测对象可靠性水平并反馈到有关的组织管理部门，从而提高对象的可靠性[1,2]。

电力系统是一个由发电、输电、变电、配电和用电有机结合在一起的一个整体。简单电力系统示意图如图 1-1 所示。

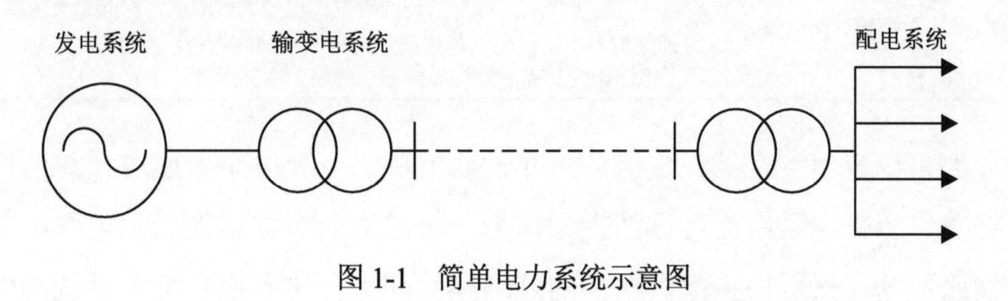

图 1-1　简单电力系统示意图

发电系统提供整个电力系统中负荷及各种损耗的能量来源，输变电系统将远离用户的发电厂的电能输送到负荷聚集的区域，而配电系统将输变电系统与用电系统连接起来，向用户分配和供应电能。在我国，配电系统又称为供电系统。通常称 35 kV 以上系系统为高压配电系统，10（20、6）kV 系统为中压配电系统，380 V/220 V 系统为低压配电系统[3]。当然，这几个部分不能只按电压来严格区分，而必须考虑系统设施的相关功能。

将可靠性工程的一般原理和方法与电力系统的工程问题相结合，便形成了电力系统可靠性的研究课题。在电力领域中，电力系统的可靠性指电力系统持续产生和供应电能的能力。这是 20 世纪 60 年代中期以后才发展起来的一门应用科学，它渗透到电力系统的规划、设计、运行和管理等各个方面[1-3]。与电力系统的构成部分相适应，电力系统的可靠性也可以分为发电系统的可靠性、输变电系统可靠性、配电系统可靠性几个部分。相应地，发电系统的可靠性是指发电系统持续发电的能力，输变电系统的可靠性是指输变电系统持续输电的能力，配电系统的可靠性是指配电系统持续供配电能的能力。

在已有的研究中，发、输电系统的可靠性理论较为成熟，配电系统的研究起步较晚，但也已经有了大量关于配电系统可靠性的研究成果。按照电力系统可靠性范围的区分方法，电力系统的可靠性评估可以分为三个层级[4]，如表 1-1 所示。

表 1-1　电力系统可靠性评估的三个层级

层级数	研究对象	主要内容
第一层级	发电设备	1. 假设输电和配电设备完全可靠，只研究发电设备的可靠性 2. 评估统一并网的全部发电机组按照可接受标准及期望数量满足电力负荷的电力和电量需求的能力的度量 3. 其提供的是充裕度的总体指标，并非对单个变电站和负荷点的指标。在数学上表示为发电容量和负荷两个随机变量的卷积运算
第二层级	发、输电设备	1. 考虑发电容量、电源位置约束和输电网络的过负荷及节点电压约束，忽略配电设备故障的考量 2. 通常情况下也将输电网络作为主要的关注目标，假设发电系统 100%可靠，只进行输电系统的可靠性评估 3. 不仅包括充裕度评估，也包括安全性评估。充裕度主要反映研究时间内发、输电系统静态条件下系统容量满足符合需求的程度，安全性反映短时间内系统容量动态满足符合需求的程度
第三层级	发、输、配电设备	1. 考虑的范围涉及发、输、配电设备，也被称为整体可靠性评估，即发、输、配电网按照可接受的标准和期望数量向供电点供应电力的能力的度量 2. 通常情况下只是将配电系统作为一个单独的部分，利用第二层级中得到的供电点指标作为配电系统可靠性分析的输入数据

从表 1-1 可以看出，在第三层级的可靠性研究中，主要侧重于配电系统的供电可靠性。往往将发电和输电系统的可靠性指标作为一个已知的参数，作为配电系统供电可靠性的一个输入数据，然后根据配电网络的网络架构和运行方式进行配电系统的供电可靠性分析。

电力系统在正常的运行状态下，系统能够正常供电，不会出现切负荷的事件。但是如果系统受到某些偶发事件的扰动，如元件停运、负荷水平发生变化、雷击线路等，可能会产生系统的功率失衡、节点电压越限和线路潮流越限等故障的状态[4,5]，从而会导致切负荷的事件发生。电力系统的可靠性研究的主要内容即是系统的偶发故障的概率及其造成的结果分析，对系统的持续供电能力做出快速和准确的评价，并且找出影响系统可靠性水平的薄弱环节以求改善可靠性水平的措施，为电力系统的规划和运行提供决策支持[2]。

1.1.2 配电网供电可靠性的研究意义

大多数电力公司对用户停电事件统计数据的分析表明，配电系统对用户的停电事件具有很大的影响。据不完全统计，用户的停电事件中有 80%～95%是由配电系统故障引起的[6]。随着现代社会对可靠性要求的不断提高，即使是局部电网故障，对电力企业、用户和社会的影响都日益增大[7]，因此，近年来配电系统可靠性问题逐渐受到更多的关注。相对于高压配电系统和低压配电系统，中压配电系统对用户供电可靠性的影响最大，也是可靠性评估的研究重点[8]。

所谓供电可靠性，是指在电力系统设备发生故障时，使该故障设备的用户供电障碍尽量减少和使电力系统本身保持稳定运行的能力的大小。其实质是度量配电系统在某一定时间内保持对用户连续充足供电的能力[9]。

配电网的供电可靠性研究对配电网络的扩展规划、运行管理和电能交易等具有重要的意义。电源规划是扩展规划工作的重要内容，在当前可再生能源迅速发展的背景下[10,11]，配电网络的电源规划成了一个重要的研究课题，配电网网架规划是配电网扩展规划的另一个重要方面，合理的电网规划是建设坚强网架结构、保证电网安全稳定运行的基础，如果在网架规划中忽略可靠性因素可能会造成重大的经济和社会损失[12]。在电网的运行当中，有效地采取以可靠性为中心的检修策略有着很重要的意义。以可靠性为基础，可以寻找系统的薄弱环节，更加有针对性地指定机组和电网的检修方案。在电力市场的环境下，可靠性水平成为电力作为商品这一属性中的一个重要的附加值，对于电力的定价策略也有着重要的影响，是定价的主要依据之一。总而言之，可靠性评估不仅具有理论的研究价值，而且还具有很重要的实际意义[4]。

随着科学技术的不断发展，电力系统供应的电力用户的负荷特性比原先更加复杂，而且电力系统的规模越来越大，网架拓扑越来越庞杂，在原有的不含电源的配电系统中并入了风力发电和太阳能发电等分布式电源，这些都对原有的电网架构造成了不同程度的冲击，给电力的分析和运行调度带来了新的挑战。在此背景下，如果对配电网供电可靠性没有足够的重视，就很容易在配电系统发生事故时给电网造成更大的破坏，同时也造成更大的国民经济损失。所以，对配电系统的可靠性研究势在必行。

1.2 配电网供电可靠性的研究现状

配电系统供电可靠性既是电力用户的需要，也是供电企业自身发展的目标。供电可靠性的发展历程大体分为 3 个阶段。

1）第 1 阶段，低可靠性水平阶段。低可靠性水平阶段是供电可靠性发展的初级阶段。此阶段供电可靠率一般在 99%以下，对应的用户平均停电时间一般在 87.6 h 以上，并且每年的供电可靠率波动很大。

2）第 2 阶段，迅速发展阶段。供电可靠性水平迅速增长，供电可靠率一般在 99%以上，对应的用户平均停电时间一般在 87.6 h 以下。供电可靠性的总体发展趋势是螺旋式上升，每年的供电可靠率有一定的波动，但其波动范围要比第 1 阶段小。

3）第 3 阶段，高可靠性水平阶段。供电可靠性水平已增加到很高，供电可靠率一般在 99.99%以上，对应的用户平均停电时间一般在 0.876 h（约 53 min）以下。每年的供电可靠率较稳定，只有很小的波动，其波动范围比第 1 阶段、第 2 阶段都要小。

近年来，世界各地特别是欧洲和美国等经济技术发达的地区和国家，由于以电子技术为中心的技术高速发展，高度信息化设备的广泛应用及普及，社会的现代化正导致配电系统不断向综合自动化的方向发展。目前，供电可靠性已经达到了相当高的程度。如美国、英国、法国、日本等发达国家的供电可靠性水平均较高。以日本东京电力公司为例，日本东京电力公司在 1986 年以后的供电可靠率都在 99.99%以上，对应的用户平均停电时间基本上都在 0.876 h 以下，即日本东京电力公司供电可靠率在 1986 年以后就进入了第 3 阶段。

经过多年的发展，我国城市供电可靠性水平逐步提高。1992 年以后，我国城市供电可靠率开始达到 99%以上，即 1992 年以前我国处于供电可靠性发展阶段的第 1 阶段，1992 年以后进入了第 2 阶段，正在向第 3 阶段靠近。以 2017 年为例，我国 10 kV 用户平均供电可靠率为 99.814%，平均停电时间 16.27 h/户。其中，城市（市中心+市区+城镇）用户平均供电可靠率为 99.943%，年平均停电时间为 5.02 h/户；农村用户平均供电可靠率为 99.768%，年平均停电时间为 20.35 h/户。与国际先进水平相比，2011 年新加坡供电可靠率达到 99.999 941%，2009 年日本东京供电可靠率达到 99.999 619%，可以看出，我国供用电可靠性的提升空间和压力较大。

长期以来，世界各国对配电系统可靠性大多数采用宏观的平均值管理，即以整个配电系统或地区网络总用户数或总供电容量为基础建立平均可靠性指标，作为对整个配电系统或者网络评价的依据。但是个别用户及负荷设备对停电甚至瞬时电压下降的反应有很大的差异及不平衡性，宏观平均值的可靠性指标已经不能满足这种用户的要求，因此必须进行进一步设定与地区用户要求相称的更高可靠性水平的目标值，并且按照每一个电力用户不同的情况来预测其可靠度的水平，这就是所谓的个别的可靠度微观管理极限值。对故障停电的个别可靠度管理归纳如下[13]。

1）按照不同的馈线分别进行管理，一般有两种方式：一是把故障多发的馈线列表，分别情况，实施重点管理，防止重复停电；二是把发生故障到修复位置的作业程序分别设定目标进行管理。

2）在以营业为单位规定平均故障修复时间目标值的基础上，按照区域分别规定不同的修复时间极限值，以防止长时间停电。

3）以配电线路为单位，规定每一年内重复停电的用户数及容许停电的最长时间。

4）按照重要用户规定故障停电时间及停电次数的目标极限值，对超过目标极限值的用户采取适当的重点措施。

5）对故障多发线路及长时间停电的线路规定目标值进行管理。

6）对于配电系统，既要规定故障停电事件数、每回线路的停电时间等长期目标值，又要规定该长期目标下各年度应达到的年度目标值，并且以月为单位来实施和管理。

7）规定馈线一年的因为故障而重复停电的次数及用户长时间停电的极限值和目标值，然后统计其超过极限值的线路数和用户数，以达成率为指标来进行管理。

英国电力委员会在1964年就制定了《国家标准事故和停电报表》，开始了可靠性基础数据的统计分析工作，又在1975年颁布了《全国设备缺陷报表》，几十年来逐渐建立了完善的可靠性管理文件和统计分析指标。在可靠性管理方面，由电力委员会的故障报告中心负责统计事故和停电的记录及设备缺陷统计报表。每年结束后发布《年度停电分析和故障统计摘要报告》公布停电事件统计报表，发布《系统可靠性和运行报告》对各地区设备和系统可靠性进行评价，对供电方案的有效性和开关装置的失效与利用进行分析。同时电力委员会还提出分类的供电安全导则及其应用方法报告，把对用户的供电保持在一定的安全经济水平上，并应用停电频率、停电持续时间及供电量不足等电网可靠性主要评价指标，结合运行方式、特性曲线及其他的有关数据来估计运行特性及发展趋势，做出可靠性投资费用和效益分析，为正确的投资决策提供依据[14]。

加拿大在20世纪50年代就已经开始了配电网供电可靠性的研究，1959年加拿大电力协会成立了供电连续性委员会，规定了用户停电时长、停电持续时间等能够反映配电网充裕度的指标。1962年建立了由加拿大电力协会的供电连续性委员会和配电系统可靠性技术委员会共同组成的全国性的报告系统。加拿大不仅非常重视现有的配电系统的供电连续性，而且还重视对未来可靠性的预测和分析。其中，电力协会的供电连续性委员会主要负责年度实际可靠性指标的指定和考核，配电系统可靠性技术委员会负责可靠性预测评估和分析。北美共同采用的配电网供电可靠性指标最早由爱迪生电力研究所（Edison electric institute，EEI）、美国公共电力协会（American public power association，APPA）和加拿大电力协会（Canadian electricity association，CEA）提出，并且在 1998 年成为 IEEE 试行标准（IEEE Std 1366—1998，IEEE trial use guide for electric power distribution reliability indices）。其中最重要的指标包括系统平均停电频率指标（SAIFI）、用户平均停电频率指标（CAIFI）、用户平均停电持续时间指标（CAIDI）及系统平均停电持续时间指标（SAIDI）等[14,15]。

日本的配电网可靠性分析工作大致是从 20 世纪 70 年代开始走上正轨的。日本的配电网可靠性指标和计算方法既有全国的统一标准，也有地区性的标准，而全国的可靠性指标主要有 SAIFI 和 SAIDI 两项。除此之外也研究了评估停电故障时供电转移能力的指标，主要包括反映网络结构和故障后负荷切换转移能力的联络率、正常运行率、有效运行率和适切馈线率等独特的综合评价指标。日本配电系统的可靠性管理对网络结构和切换能力进行了深入的研究，提出了以“裕度”概念为基础的评价方法，这一管理方式取得了良好的效果[15]。

国内对配电网供电可靠性研究开始于 20 世纪 80 年代初期，略晚于对发电和输电系统的供电可靠性研究。水利电力部在 1983 年制定了一整套可靠性指标的《配电系统供电可靠性统计评价办法》，同时还在昆明地区的 10 kV 配电网络中建立了试点。山东和上海等省（直辖市）也在开展配电网可靠性的统计工作。1985 年 4 月，云南电力试验研究所正式颁布了《配电系统供电可靠性统计评价方法（试行）》。1989 年能源部的电力系统可靠性管理中心对该办法进行了部分修改，并更名为《供电系统用户供电可靠性统计办法》，之后该办法又经过了多次修订，我国的配电网供电可靠性的管理工作也由此全面展开。但是由于当时缺少有效的分析方法及一些必要的统计数据，配电网供电可靠性的发展比较缓慢。近年来，随着国内经济的高速发展，电力负荷迅速增长，对供电可靠性的要求越来越高，国内外一些大规模停电事故造成的影响也推动着供电可靠性的研究进程。目前对于配电网的供电可靠性的研究已经成为电力系统研究中的一个热点问题，随着电力市场的概念越来越明晰，如何在电力市场的背景下取得供电可靠性和经济性的协调也被提到了研究的前沿。我国现如今已经在有组织、有计划地开展配电网供电可靠性的研究工作，提出更能反映实际情况的配电网供电可靠性指标，建立更加系统的模型，开发相关的软件，建立有效的配电网供电可靠性数据信息库和可靠性管理体系[14]。

进入21世纪以来，配电系统可靠性研究和管理表现出以下的发展趋势：

1）既注重可靠性的统计分析，又重视可靠性的预测评估。既进行系统宏观平均值指标统计，又日益关注部分微观极值指标和监察及控制。

2）日益重视设备可靠性基础数据的采集和整理，关注可靠性信息对检修策略制定和调整的指导作用。

3）日益关注可靠性对配电网规划和设计的指导。基于可靠性的配电系统规划方法已经成为近两年的研究热点之一。

4）日益重视可靠性与经济性的协调。近十年开展了大量有关各类用户的供电可靠性价值研究，从经济角度分析用户为提高供电可靠性所愿意承担的电价增量和供电企业为了提高供电可靠性水平需承担的成本，为开放电力市场的供电企业规划投资提供指导。

1.2.1 配电网供电可靠性的主要指标

对于配电网中的负荷点来说，主要的故障指标有年平均故障次数（故障率）λ、平均每次故障持续时间 r、年平均停电总时间 T 和停电引起的电量损失 E。各个指标的具体含义如下[2]。

电网中负荷点的故障率 λ 是指该负荷点到某一时刻保持持续供电尚未发生故障，在该时刻之后单位时间内发生故障的次数。通常选用一年作为一个单位周期，单位为次/年。

故障持续时间 r 表示负荷点平均每次发生故障的持续时间，单位通常为小时。

年平均停电总时间 T 为故障率和平均每次故障持续时间的乘积，其单位通常为小时，其数学公式可表示为

$$T = \lambda \cdot r \tag{1-1}$$

每年停电引起的电量损失 E 的计算方法为

$$E = T \cdot P \tag{1-2}$$

式中，P 为负荷点停电时所减少的负荷功率。

根据上面的负荷点的指标可以求出系统的可靠性指标值[16]。

（1）系统平均停电频率指标（system average interruption frequency index，SAIFI）

SAIFI 是指每个由系统供电的用户在每单位时间内的平均停电次数。它可以用一年中用户停电的累积次数除以系统供电的总用户数来估计：

$$\text{SAIFI}=\frac{\sum_{i=1}^{N}\lambda_i N_i}{\sum_{i=1}^{N}N_i} \tag{1-3}$$

式中，λ_i 指负荷点 i 的故障率；N 为负荷点数；N_i 为负荷点 i 的用户数。

（2）系统平均停电持续时间指标（system average interruption duration index，SAIDI）

SAIDI 是指每个由系统供电的用户在一年中经受的平均停电持续时间，采用一年中经受的停电持续时间的总和除以该年中由系统供电的用户总数来计算：

$$\text{SAIDI}=\frac{\sum_{i=1}^{N}\lambda_i r_i N_i}{\sum_{i=1}^{N}N_i} \tag{1-4}$$

式中，λ_i 指负荷点 i 的故障率；r_i 为负荷点 i 的故障平均持续时间；N 为负荷点数；N_i 为负荷点 i 的用户数。

（3）用户平均停电持续时间指标（customer average interruption duration index，CAIDI）

CAIDI 是指每个由系统供电的用户在一年中平均每次经受的停电持续时间，采用一年中经受的停电持续时间的总和除以一年中用户停电的累积次数来计算：

$$\text{CAIDI}=\frac{\sum_{i=1}^{N}\lambda_i r_i N_i}{\sum_{i=1}^{N}\lambda_i N_i} \tag{1-5}$$

式中，λ_i 指负荷点 i 的故障率；r_i 为负荷点 i 的故障平均持续时间；N 为负荷点数；N_i 为负荷点 i 的用户数。

（4）用户平均停电频率指标（customer average interruption duration index，CAIFI）

CAIFI 是指系统供电的用户中每个实际受到断电影响的用户所经受的停电次数，可以采用一年中用户停电的积累次数除以受到停电影响的总用户数来计算：

$$\text{CAIFI}=\frac{\sum_{i=1}^{N}\lambda_i N_i}{\sum_{j=1}^{M}N_j} \tag{1-6}$$

式中，λ_i指负荷点i的故障率；N为负荷点数；M为负荷点中真正受到停电影响的负荷点数；N_i为负荷点i的用户数；N_j为受到停电影响的负荷点j的用户数。

（5）平均供电可用率指标（average service availability index，ASAI）

ASAI 是指用户在一年中经受的不停电小时总数与用户要求的总供电时长之比，ASAI又被称为平均供电可靠率。

$$\mathrm{ASAI} = \left(1 - \frac{\mathrm{SAIDI}}{8760}\right) \times 100\% \tag{1-7}$$

（6）系统平均缺供电量指标（average energy not supplied，AENS）

AENS 是指在统计期间内，平均每个用户因停电而缺供的电量：

$$\mathrm{AENS} = \frac{\sum_{i=1}^{N} P_i U_i}{\sum_{i=1}^{N} N_i} \tag{1-8}$$

式中，P_i为负荷点i的平均负荷；N为负荷点数；N_i为负荷点i的用户数。

以上介绍的6个系统可靠性指标是评价配电网可靠性水平的关键指标，其中以系统平均停电持续时间SAIDI（即用户平均停电时间AIHC_{-1}）和平均供电可用率指标ASAI（即供电可靠率指标RS_{-1}）两个最为常用；而负荷点的可靠性指标（故障率λ、故障持续时间r、不可用率U）并不作为评价配电网可靠性水平的指标，但是它们作为配电网可靠性计算的过程指标，是系统可靠性指标的基础，要得到系统可靠性指标，必须要先算出负荷点的可靠性指标[17]。

1.2.2 供电可靠性统计及其原始参数

近年来，国内外时有大停电事故发生[18-20]，造成了巨大的经济和社会损失，因此加强对电力系统可靠性统计和评估显得十分重要。可靠性原始参数的获取是可靠性研究中最基础、最重要的工作，可靠性参数的可信度或准确度直接影响系统可靠性分析的计算结果。通常，可靠性原始参数的获取是通过大样本系统宏观统计分析得到的[21]，然而，微观系统的可靠性原始参数则具有动态性和随机性，受气候因素[22]、人为因素[23]、地理条件、产品自身的质量、负荷水平、电压频率运行因素[24, 25]等的影响很大。对于新投产的项目，采用全国范围统计的宏观数据作为微观、具体工程项目的可靠性原始参数，往往是不恰当的，无法反映微观工程所处的气候因素、地理环境和实际的运行情况。因此探索开发处理电力系统可靠性原始参数的方法，合理利用电力系统已有的可靠性原始参数来评估新投产的项目是非常有意义的。

文献[26]～[28]侧重于电力系统可靠性原始参数的预测和修正，很少涉及如何利用已有的可靠性原始参数来评估新投产的项目。文献[29]以可靠性原始参数已知线路的可靠性影响因素序列为基准向量，以可靠性原始参数未知线路的可靠性影响因素序列为待检向量，基于灰色关联和模糊数学理论，计算两向量之间的灰色关联度和模糊距离，并综合形成模糊差异度。根据长期统计所得的可靠性原始参数来正确选取新的工程应用中的可靠性原始参数。在此基础上文献[30]提出相似度指标，引入考虑其他影响因素的修正系数，通过模糊聚类分析将所有线路进行适当分类，计及气候和地理因素的影响程度来预估微观工程的可靠性原始参数，用同类中可靠性原始参数确定的输电线路来求取可靠性参数未知的输电线路，为合理评估新投产的输电线路的可靠性原始参数提供新方法。

采用相似度指标优于单一的欧氏贴近度、模糊贴近度或灰色关联度，比单纯地使用现有线路故障率的平均值更加准确，为合理地评估新投产工程的可靠性原始参数提供新的理论方法。该方法除了所考虑的气候影响因素外，线路的其他条件应基本相同，即适用于性质相同的系统。另外如何量化考虑更多的影响因素还有待进一步研究。

在学习和借鉴世界各国先进经验的基础上，我国电力可靠性管理在规划设计准则、统计管理准则、统计管理工具与指标发布等方面已经形成一个比较完善的体系。然而，可靠性管理工作中仍然存在不完善之处：①可靠性统计数据未发挥应有的作用，指标分析深度不够，未能挖掘设备、管理、人员素质等深层次的问题；②可靠性准则的制定与形势的发展还存在一些差距；③对现有可靠性研究成果的转化应用工作开展不充分；④低压用户的可靠性统计和可靠性微观管理尚未广泛开展；⑤不少供电企业片面追求指标，忽略了可靠性数据的真实性、准确性和完整性[31]。

目前国内的供电可靠性管理工作往往局限于可靠性工作人员的事后统计管理，而没有真正将可靠性管理贯穿至电力生产管理全过程。因此，应当调动各有关生产单位的领导和工作人员，使各专业的检修、消缺、施工等专业工作环节共同参与可靠性管理，尽量缩短停电时间，体现电力生产以可靠性为中心的管理理念，发挥可靠性管理指导并服务于生产的作用。因此，应从生产运行、管理方面加强分析，帮助供电企业客观统计可靠性的各类指标，分析评估满足各种可靠性要求的电网结构和电力设备，为电网建设提出定量分析支撑的技术措施。

1.2.3　可靠性基本评估方法

配电网可靠性评估是指对配电网设施或网架结构的静态或动态性能，以及各种性能改进措施的效果是否满足规定的可靠性准则进行分析、预计和认定的系列工作。配电网的可靠性评估需要贯穿于系统的规划、设计和运行的全过程中，通常包括以下 4 个方面的内容：

1）确定元件的停运模型；

2）选择系统状态和计算它们的概率；

3）评估所选择状态的后果；

4）计算可靠性指标。

配电网可靠性主要包括充裕度（adequacy）和安全性（security）两个方面[32]。其中充裕度是指在考虑电力元件计划与非计划停运及负荷波动的静态条件下，电力系统维持连续供应电能的能力，因此又称为静态可靠性。安全性是指配电系统能够承受如突然短路或没有预料地失去元件等事件引起的扰动并不间断供应电能的能力，安全性又被称为动态可靠性。目前而言，国内外学者对充裕度评估算法和应用关注较多，并且在理论和实践中取得了大量的研究成果。

配电网可靠性评估方法可以分为确定性方法和概率性方法两种[33]。其中确定性方法是基于故障状态对几种确定的运行方式进行分析，以此来检验系统的可靠性水平。通常，在电源规划中，确定性的可靠性判据有百分备用指标和最大机组备用指标；在电网规划中，确定性的可靠性判据可以是校验负荷的最小供电回路数。然而，由于电力系统的随机特性很强，元件的故障函数和负荷水平的实际波动情况都具有很大的随机性，确定性方法在应用当中具有较大的误差，所以概率性方法在配电网的可靠性研究中得到了重视，在理论和实践方面得到了很大的进展。

配电网可靠性的概率性方法主要可以分为解析法和模拟法两种，两种方法的本质都是根据某一种故障发生的概率对故障的后果进行加权分析。解析法可以分为故障模式后果分析法、最小路径法、最小割集法、网络等值法、故障遍历法和状态空间法等，而模拟法通常被称为蒙特卡罗模拟（Monte Carlo simulation，MCS）法，可以根据电力元件随机状态模拟方法的不同分为序贯仿真算法和非序贯仿真算法。各种方法主要介绍如下。

（1）故障模式后果分析法[33]

故障模式后果分析法的原理简单、清晰，已经被广泛地应用到辐射性配电网的供电可靠性评估中。该方法依据给定的可靠性判据和准则对系统的运行状态进行分析，通过建立系统故障模式集合和故障模型影响表，确定故障对系统的影响。该方法的基本思想是：首先，假定系统的预想事故并建立预想事故的故障模式影响表；其次，根据负荷点的故障模式集合从预想模式影响表中提取故障的影响情况，分析系统状态并计算可靠性指标。

（2）最小路径法[34]

最小路径法的基本思想为：首先，对配电网中的每一个负荷点求取相对应的最小路径；其次，根据网架结构，将非最小路径上的元件故障对负荷点的影响折算到对应的最小路径上的节点上。所以在利用最小路径法对配电网进行可靠性评估时，仅需对最小路径上的元件进行评估就可以得到整个网络的可靠性指标。

（3）最小割集法[35]

割集是若干设备的集合，它们失效时会导致系统从起点到终点的有向路径失效，配电网的故障模式和与系统的最小割集相关联。该方法避免计算系统的全部状态，将计算的状态限制在最小割集内，这样大大节省了计算量。在实际配电网中，由于网络复杂，电源点（可能是多个）到负荷点的供电通路可能有多个，所以造成负荷点失去供电的最小割集也会有多个。

（4）网络等值法[36]

网络等值法的基本思想是通过网络化简将复杂的配电网等值为简单的辐射型配电网。化简过程大致可分为三个部分：首先，将分支馈线和该馈线连接的各种设备划分在同一层，并将其等效为一个节点元件表示，从系统末端馈线逐层向上等效直到线路没有分支馈线为止，这样就将原来复杂的配电网络化简为一个简单辐射状的主馈线网络；其次，分析上层元件对下层元件可靠性的影响，将这种影响用等效串联元件表示；最后，对每一层的负荷点进行可靠性评估。

（5）故障遍历法[37]

故障遍历法是一种基于故障枚举和故障遍历技术发展起来的可靠性算法。首先，根据负荷点停电时间的不同，将配电网区域划分为停电时间为故障修复时间区域、停电时间为故障隔离加上负荷转运的时间区域、停电时间为故障隔离时间区域和不停电区域 4 种；其次，以每一个故障点为起点，搜索其父节点直到出现断路器为止，此时该断路器之前的负荷点为前三类负荷点，而其他的负荷点为第四类负荷点。这样对所有的负荷点进行遍历，便得到了最终的系统可靠性。

（6）状态空间法[38]

状态空间法又被称为马尔可夫方程法，它在定义元件状态模型的基础上，建立系统的状态空间图，应用马尔可夫随机过程的理论来确定状态间的转移模式和转移概率，计算系统各个状态的平稳状态概率，当求得系统的状态概率和转移概率之后，就可以利用频率-持续时间的方法，计算系统遇到某一种状态的频率和停留在这一状态的平均持续时间，进而可以获取所需的系统可靠性指标。

（7）蒙特卡罗模拟法[39, 40]

蒙特卡罗模拟法又被称为统计试验方法或随机抽样技术。通过计算机产生的随机数对元件的状态进行抽样，进而组合得到整个系统的状态。系统的可靠性指标是在积累了足够的系统状态样本数目后，通过统计每次状态估计的结果而得到。根据是否考虑系统状态的时序性，蒙特卡罗模拟法可以分为非序贯仿真算法和序贯仿真算法。非序贯仿真算法又称状态抽样法，它首先对系统内每个元件产生一个(0,1)区间均匀分布的随机数，然后通过比较该随机数值与元件处于各状态的概率值确定元件的状态，进而抽样得到整个系统的状态。序贯仿真算法是根据配电系统中各个元件的可靠性参数，通过产生随机数的方式来模拟单个元件失效状态的变化序列，进而按照时间顺序，分析元件故障对系统可靠性的影响，最后通过多年的故障情况统计计算系统可靠性指标的均值。序贯仿真对系统的短时模拟具有很大的偶然性，但是对长期运行过程的模拟则趋于实际情况。序贯仿真的示意图如图 1-2 所示，从图 1-2 中可以看出，由于序贯仿真中系统相邻状态的差别只在于一个元件的状态的差别，而且考虑时间的连续性及复杂电力系统中元件的多样性和复杂型，序贯仿真算法收敛极其缓慢[4]。

和解析法相比，蒙特卡罗模拟法有以下特点：第一，蒙特卡罗模拟法容易模拟负荷随机波动、元件随机故障、气候随机变化等随机因素和系统的矫正控制策略，计算结果更加贴近实际；第二，在满足一定计算精度的要求下，蒙特卡罗模拟法的抽样次数与系统的规模无关，因此特别适用于大型复杂系统的可靠性评估；第三，除了能够计算表征系统平均性能的指标外，蒙特卡罗模拟法还能获得可靠性指标的概率分布，评估结果更加全面。

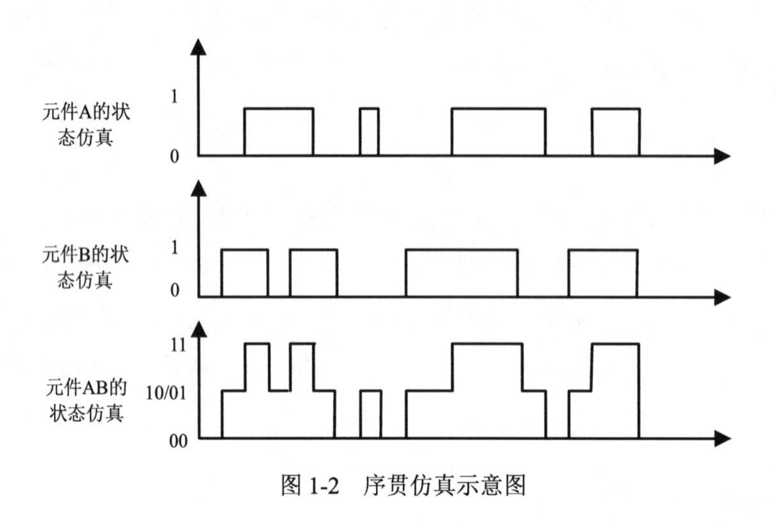

图 1-2　序贯仿真示意图

1.3　智能配电网与供电可靠性

1.3.1　智能配电网的基本特征

能源是人类发展的重要基础之一。进入 21 世纪以来，世界范围内的经济社会快速发展，人类对石油、煤炭等化石能源的需求不断增大。根据英国石油公司（British petroleum，BP）发布的 BP 世界能源统计数据，2009～2015 年世界石油和煤的消耗量始终保持增长趋势。然而石油、煤炭等化石能源不可再生且分布不均匀、储量有限，因此，世界能源供需矛盾比较突出，能源价格波动频繁，与能源供需有关的国家和地区间矛盾时有发生。另外，石油、煤炭等化石能源的消耗会产生二氧化碳、氮氧化物等有害气体，对气候变暖和自然环境会产生显著的负面影响。因此，开发利用风能、太阳能等清洁可再生新能源，逐渐成了世界各国政府的共识之一[41]。电力系统是能源系统的重要组成部分。提高可再生新能源发电（renewable energy generation，REG）的渗透率和利用效率，提升电网的智能化水平，实现电力系统的节能减排、低碳运行，是解决上述能源和环境问题的重要途径。随着经济和社会的发展及技术的进步，电力的应用形式越来越多样化，人类对电力的依赖程度也越来越高。而电力的发展受到了环境恶劣、能源短缺、电网架构老化等多方面的技术挑战，在此背景下智能电网（smart grid）的概念应运而生。智能电网是将传感器测量技术、信息通信技术、分析决策技术和自动控制技术与能源电力技术及电网基础设施高度集成而形成的新型现代化电网。智能电网的应用将具有能够改善系统的可靠性、提升供电的电能质量、改善电网的运行效率、提高电网的经济性等诸多优点[42]。

智能配电网（smart distributed grid，SDG）是一种以配电网高级自动化技术为基础，融合和应用了先进的计算机技术、信息通信技术、控制技术、电气测量技术、智能化开关设备及配电终端设备，在坚强电网架构和双向通信网络的物理支持及各种集成高级应用功能的软件支持下，可以有效地集成利用分布式发电技术、储能技术和电动汽车等，鼓励各类电力用户参与到电网的运行中来，与电网进行积极的互动，降低用户成本，提高电网运行的经济性和安全性，实现配电网正常状态下的运行控制保护和非正常状态下的自愈控制，为电力用户提供优质、安全、可靠、经济和环保的电力供应服务的配电网络。智能配电网是配电自动化的全面升华，是智能电网技术在配电网中的具体表现形式[43-46]。

智能电网系统图如图 1-3 所示。

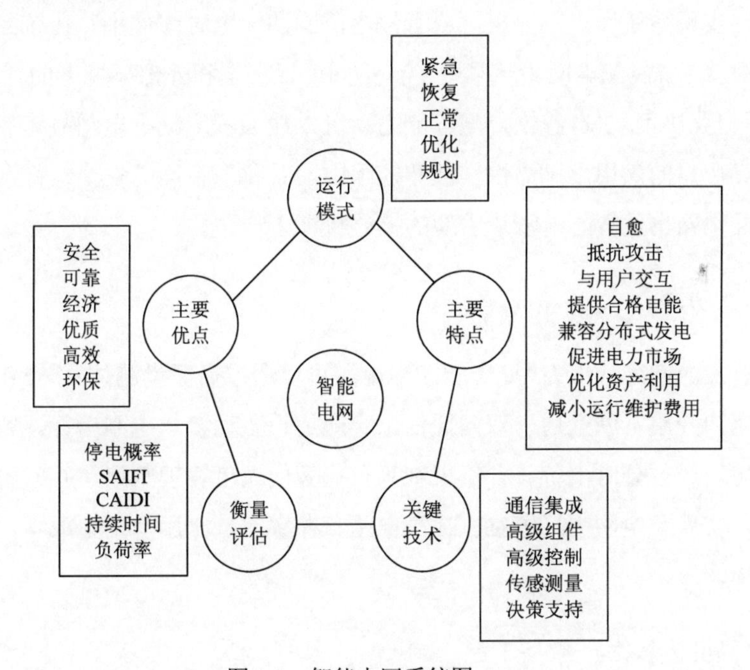

图 1-3 智能电网系统图

智能配电网有如下的基本特征[47]。

（1）集成分布式发电[48]

分布式发电是智能配电网的重要组成部分，是智能电网接纳清洁、间歇式新能源发电的重要形式。大容量新能源发电集中并网发电存在电网稳定性等安全问题，而解决这些问题受到储能装置的容量和成本等方面的限制。因此，集成分散式、小容量的新能源发电并网运行，是智能配电网的一项重要任务。

（2）主动管理[49]

传统配电网由于可调度资源有限，一般扮演着“被动分配电能”的角色。与之相反，智能配电网集成了风力发电、光伏发电、微型燃气轮机等分布式新能源发电和储能装置，其可调度资源十分丰富。通过合理调度上述资源，智能配电网既可以主动协助上级电网安全经济运行，如减小输电网的无功传输容量，也可以通过开展主动管理，减小网络损耗等，解决运行中出现的安全问题。

（3）自愈功能[50]

自愈是指故障情况下电网通过自动检测故障和系统重构，智能调整运行方式至最佳运行状态，实现系统用户不停电，或者停电范围和停电时间最小。传统配电网不具备自愈功能。相反，智能配电网由于具备了在不同运行状态和外部环境下的“自我感知”“自我诊断”“自我决策”“自我恢复”等能力，可以最大程度减小电网故障后的停电范围，大幅度提高用户的供用电可靠性，故智能配电网具备了很高的安全运行水平。自愈功能既是智能配电网也是智能电网最主要的核心特征之一。

（4）互动性

由于直接面向终端电力用户，智能配电网可以通过高级量测体系 AMI 与电动汽车等电力终端用户开展互联互通、双向通信，实现用户主动参与电网运行。智能配电网中，运行人员可以通过分时电价、补偿机制等负荷智能调度管理策略，有效管理电动汽车等终端用户，实现配电网削峰填谷，提高电网负荷率，减少用户用电成本，最大化分布式电源利用率。

（5）高度信息化

智能配电网依托于智能仪表、智能传输、智能存储等高级量测技术，实现用户信息和系统状态的实时、可靠、高效、全景采集和传输，支撑用户、电网之间的实时互动，为配电网的智能分析、高级决策、能效管理打下坚实的基础。

智能配电网和传统的配电网相比具有如下的优点[43, 51]：

1）更高的供电可靠性：智能配电网具有抵御自然灾害和外部破坏的能力，能够进行电网安全隐患的实时预测和故障的智能处理，最大限度地减小配电网故障对用户的影响，在主网停电时，应用分布式发电、可再生能源组成的微电网系统保障重要用户的供电，实现真正意义上的自愈。

2）更优质的电能质量：利用先进的电力电子技术、电能质量在线监测和补偿技术，实现电压、无功的优化控制，保证电压合格，实现对电能质量敏感设备的不间断、高质量、连续性供电。

3）更好的兼容性支持：智能配电网主持在配电网接入大量的分布式发电单元、储能装置、可再生能源，并与配电网实现无缝隙连接，实现“即插即用”，支持微电网运行，有效地增加配电网运行的灵活性和对负荷供电的可靠性[52]。

4）更强的互动能力：通过智能表计和用户通信网络，支持用户需求响应，积极创造条件让拥有分布式发电单元的用户在用电高峰时向电网送电，为用户提供更多的附加服务，实现从以电力企业为中心到以用户为中心的转变。

5）更高的电网资产利用率：有选择地实时、在线监测主要设备状态，实施状态检修，延长设备使用寿命支持配电网快速仿真和模拟，合理控制潮流，降低损耗，充分利用系统容量减少投资，减少设备折旧，使用户获得更廉价的电力。

6）更集成化的管理平台：通过集成的可视化管理平台实时采集配电网及其设备运行数据，实时运行数据与离线管理数据高度融合、深度集成，实现设备管理、检修管理、停电管理及用电管理的信息化，为运行人员提供更高级的分析和辅助决策的图形界面。

1.3.2 智能配电网对可靠性评估的精细化要求

由于智能配电网融合应用了大量先进技术、智能化终端设备，使得配电网的整体性能大大提升，其中包括供电可靠性的提高，更高的供电可靠性也是智能配电网最显著的特征之一。智能配电网在结构、功能、整体性能等诸多方面相对传统配电网而言都有很大不同，其运行方式、故障处理过程及检修维护等各方面也都和传统配电网有明显区别。现有的智能配电网可靠性方面的研究主要集中在智能配电网的故障定位技术、孤岛辨识研究、配电网系统自愈控制研究、配电网结构及网络重构对可靠性的影响分析，还有分布式电源及电动汽车接入和微电网运行状态对智能配电网可靠性的影响研究等[53,55]。另外，在智能配电网中，用户可以通过需求侧响应（包括价格型和激励型）手段来实现与电网的双向灵活互动。因此下面将通过 4 种智能配电网典型场景说明智能配电网下对供电可靠性评估的新要求。

（1）储能装置[56-58]

储能装置是电力系统“采—发—输—配—用—储”六大环节中的一个重要组成部分，

可以有效提高系统的运行稳定性，消除昼夜峰谷差，平滑负荷，在分布式发电装置广泛使用的情况下也可以平抑分布式电源的处理波动，消除其对电网的冲击，从而进一步促进了分布式电源的应用和发展。

由于储能装置可以平滑负荷曲线，减少可再生能源发电设备出力波动对电网的冲击，所以储能装置可以大大提高电网的供电可靠性。储能装置实现其功能的主要约束条件是储能装置的容量及最大充放电功率，前者决定了储能装置总共能够平滑的电量，后者决定了在动态变化的过程中储能装置平滑的电功率。在接有储能装置的配电网中进行可靠性评估时，需要考虑储能装置的充放电特性及其对配电网的潮流影响。另外，当储能装置容量越大，其对可靠性提高的作用也就越明显，但是在容量增大到一定值后，容量的提高对可靠性的影响就越来越小，而且大容量的储能系统经济成本过高，因此在以可靠性为基础进行配电网规划时，需要综合考虑各方面的因素以实现可靠性与经济性的双目标最优化。

（2）电动汽车[59-61]

随着城市环境污染越来越严重，各国都在重视新型电动汽车的研制和推广，电动汽车在经济性和实用性方面已经非常接近甚至超越传统的燃油汽车，以其为代表的新能源汽车是未来汽车发展的必然趋势。而且电动汽车的电池接入电网之后的充放电过程也可以起到和储能装置类似的作用，即平滑负荷曲线，提高配电网的供电可靠性。但是大量电动汽车接入配电网也给可靠性评估带来了许多新的挑战。

在进行配电网可靠性评价时，首先需要通过调研等方式获知该区域电动汽车的普及程度及电动汽车未来几年的可能发展情况。而且，与一般的储能装置不同的是，电动汽车的充放电过程是要根据用户的作息来决定的。充电方式分为换电池和直接充电两种，由于目前各个电动汽车厂家尚未进行标准统一，直接充电还是一种比较常用的方法，这样就提高了通过非用户侧的调控来达到可靠性最优充电策略的难度。若要达到相关的可靠性要求，就往往需要通过实时电价等需求响应策略来进行调控。另外，还需要考虑电动汽车的充放电特性及大量电动汽车无序充电可能对电网造成的冲击。

（3）微电网[62-64]

微电网是由分布式电源系统、储能系统、控制装置及内部负荷组成的能量管理系统。微电网一般包括多种分布式电源及能够平滑部分 DG 出力波动的储能系统，对外表现为一个整体，通过公共连接点和上级电网进行电能的交互。根据公共连接点的状态不同，可以将微电网的运行方式分为并网运行与孤岛运行两种，并网运行时微电网与大电网相连，而孤岛运行时微电网与大电网相互隔离。微电网简单示意图如图 1-4 所示。

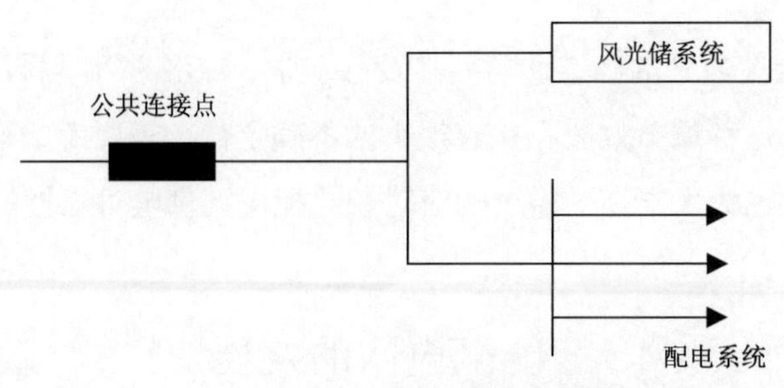

图 1-4 微电网简单示意图

正是由于微电网具有上述的特点，所以微电网的可靠性评估与传统配电网相比有了新的要求。首先，由于微网中的元件和网络结构比普通配电网要复杂得多，其中连接了许多分布式电源和储能系统，这些装置将会使微电网的故障类型更加复杂，网络潮流也将可能由原来的单向潮流转变为双向潮流，在计算微电网可靠性的时候需要计及不同元件和网架结构对原本配电网可靠性的影响。此外，风电机组和光伏发电等分布式电源的出力具有随机性和波动性，储能的充放电也是按照时序进行，因此应当使用计及时序特性的可靠性评估算法。微电网具有并网和孤岛运行两种状态，因此还应当在不同的模式下分别考虑微电网的可靠性。

（4）需求响应[61, 65]

需求响应是指电力用户针对市场价格信号或激励机制做出响应并改变正常电力消费模式的市场参与行为，需求响应可以分为基于价格和基于激励两类。通过需求响应可以调整用户的用电行为，使用户参与电网运行的互动，这实现了智能配电网中的互动性的要求，但是也给有需求响应应用的智能配电网可靠性评估带来了许多挑战。

需求响应的主要目的是起到对负荷进行削峰填谷的作用，实现负荷曲线的平滑。但是负荷曲线的平滑和系统的可靠性之间存在着一种比较复杂的非线性的关系，如何在尽量不改变用户用电习惯的基础上又尽量提升系统的可靠性是一个很重要的研究课题。另外，在使用需求响应调节用户的行为时，需要对用户的用电行为进行一定的分析，在需求响应中需要用的一个重要参数是用户的价格弹性系数，它反映了电力需求量的变动对价格变动的反应程度，其表达式为

$$\varepsilon = \frac{\Delta Q}{Q} \bigg/ \frac{\Delta P}{P} \tag{1-9}$$

式中，Q 表示用户的电力需求量；ΔQ 表示电力需求的改变量；P 表示电价；ΔP 表示电价的改变量。

由于式（1-9）中相关参数的确定通常要涉及心理学、经济学等学科，大大增加了问题求解的复杂度，而且这种调节效应存在着很大的不确定性，需要考虑很多电力需求量及电价之外的因素，这也大大提高了需求响应对智能配电网供电可靠性的要求。

1.4 智能配电网的发展

美国是世界上最早提出智能电网概念的国家，并且最早进行了智能电网的研究与建设。美国电力科学院在 2001 年就启动了智能电网的研究计划，提出了智能电网的基本概念。在 2003 年 2 月，美国政府根据前两年对能源和电力相关问题的研究成果，提出了“电网 2030 规划”，要搭建现代化的电力系统。美国 IBM 公司于 2006 年提出了“智能电网”解决方案，2009 年，美国政府又制定了一系列智能电网建设和实施计划，大力投资智能电网，同时，美国生产力和质量中心及全球智能电网联盟在 IBM 公司的支持下，制定了智能电网成熟度模型，以评估和衡量智能电网的进展状况。以上的一系列措施都加快了电网智能化的进程，使美国的智能电网事业蓬勃发展起来[66]。

美国政府围绕智能电网建设，重点推进了核心技术研发，着手制定发展规划。为了吸引各方力量共同推动智能电网的建设，美国政府积极制定了《2010—2014 年智能电网研发跨年度项目规划》，旨在全面设置智能电网研发项目，以进一步促进该领域技术的发展和应用。研发项目领域主要涉及：①技术领域研发项目。主要集中在传感技术、电网通信整合和安全技术、先进零部件和附属系统、先进控制方法和先进系统布局技术、决策和运行支持等方面，包括建立“家用配送水平”“低耗”“安全通信”的概念，发展配送系统和客户端传感系统技术，发展电网与汽车的互联技术，在创造高渗透性能源配送和充电网络条件的过程中发展安全、高效和可靠性强的保护和控制性技术，发展运作支持工具技术等。②建模领域研发项目。主要集中在准确建立电网、从发电到运输、再从运输到配送的整个过程中，其运作情况、配送成本、智能电网资产及电网运行所产生的各种影响的模型构建等方面，包括建立电力配送工程方面的智能电网元件和运行模型，建立智能电网电力运输和发电系统的准恒定和动态反应的降维模型，发展和示范整合通信网络的模型、批发市场模型和可再生能源模型等。

2004 年欧盟委员会启动了智能电网相关的研究与建设工作。对欧洲来说，发展智能电网的主要推动力是为了应对气候变化、对进口的能源依赖严重、容易受到进口能源价格变动的影响等挑战。有了智能电网的发展，可再生能源可以在电网中发挥更为重要的作用，欧洲可以更好地利用北非的沙漠太阳能及风能、沿海国家潜力巨大的潮汐能等可再生能源，通过智能电网系统，大大减少碳排放量。欧洲智能电网技术研究主要涉及网络资产、电网运行、需求侧和计量及发电和电能存储 4 个方面。欧盟委员会将智能电网定义为一个可整合所有点接到电网用户（发电厂或电力用户）所有行为的电力传输网络，以有效提供持续、经济和安全的电能，其主要要求为：

1）要以客户为中心；

2）要能够很好地支持分布式和可再生能源的接入；

3）要有更安全可靠的电力供应；

4）要有面向服务的架构；

5）可以进行灵活的电网应用；

6）应用高级自动化和分布式智能；

7）可以实现负荷和本地电源的交互。

欧洲的智能电网应用工程开始得也比较早，其中意大利在 2005 年完成的 Telegestore 智能电网工程被认为是世界上最早真正实现智能电网的工程。

在美国、欧洲等发达国家和地区进行了大量的智能电网研究且初见成效后，我国也启动了智能电网项目研究。我国的一些专家也提出了互动电网、“电网 2.0”的概念。2009 年 5 月，国家电网有限公司正式发布统一坚强智能电网的研究报告。智能配电网是坚强智能电网的重要组成部分，关系我国电网的智能化能否顺利实现。虽然目前我国在大力推进和试行配电自动化项目，但是由于我国各个配电区域设备水平和配电自动化水平参差不齐，配电网架相对薄弱，不能解决大量的可再生能源接入对电网的影响问题，还远远不能够达到智能配电网所要求的电网与用户之间进行良好互动的要求，我国的智能配电网发展还有很长的一段路要走。

1.5 本章小结

本章主要介绍了配电网可靠性的基本概念及研究意义，配电网供电可靠性的研究现状，智能配电网的基本概念及国内外的发展。

电力系统可靠性反映了电力系统持续产生和供应电能的能力，根据电力系统主要由发电、输变电和配电系统组成的这一特点，可以将电力系统可靠性分为三个层级，其中最高层级是对电力系统可靠性进行全面的分析。在实际应用中，最高层级主要侧重于对配电系统可靠性进行分析。

根据大多数电力公司对用户停电事件的分析统计，配电系统对用户停电的影响最大，用户停电事件中大部分是由配电系统故障引起的，而且配电网的供电可靠性研究对配电网络的扩展规划、运行规划和电能交易都有着极为重要的意义，因此，对配电系统的更深入的可靠性研究势在必行。

对于配电网中的负荷点来说，其主要的可靠性指标有故障率、平均每次故障持续时间、年平均停电总时间和停电电量损失等。系统的可靠性指标主要有系统平均停电频率指标、系统平均停电持续时间指标、用户平均停电持续时间指标、用户平均停电频率指标、平均供电可用率指标及系统平均缺供电量指标等。

配电网可靠性评估方法主要可分为解析法和模拟法两种，解析法主要包括故障模式后果分析法、最小路径法、最小割集法、网络等值法、故障遍历法和状态空间法等，模拟法主要指蒙特卡罗模拟法。不同的方法有着各自的优缺点，在实际的可靠性评估过程中应当灵活运用。

智能配电网是在能源危机加重、经济技术高度发展的背景下产生的。其主要特征为集成式分布发电、主动管理、自愈功能、互动性和高度信息化；主要优点在于更高的可靠性、更优质的电能质量、更好的兼容性、更强的互动能力、更高的电网资产利用率和更集成化的管理平台。

配电网规划与可靠性有着密切的联系，在配电网规划中，需要考虑安全性准则和可靠性规划目标两个方面的内容。其中，安全性准则随着电压等级的不同可以分为高、中、低压安全性准则。在可靠性规划目标中所考虑的技术因素主要有优化网络结构、提高系统装备水平、提高带电作业技术水平、提高配网自动化水平、加强状态检修及带电测试的应用。

在欧美等发达国家和地区进行了大量智能电网研究之后，我国也开始了智能电网项目的研究，相继提出了一些发展方向，但是现阶段配电网智能化还很低，我国智能配电网建设还有很长的一段路要走。智能配电网对可靠性提出了新的要求，本章分别通过对储能装置、电动汽车、微电网和需求侧响应等情景的分析提出了智能配电网对可靠性的具体要求。

参 考 文 献

[1]　郭永基. 可靠性工程原理[M]. 北京：清华大学出版社，2002：1-16.

[2] 程浩忠. 电力系统规划[M]. 第2版. 北京：中国电力出版社，2014：107-109.
[3] 中华人民共和国国家电网公司. 国家电网公司企业标准：城市电力网规划设计导则：Q/GDW156—2006[S].
[4] 宋晓通. 基于蒙特卡罗方法的电力系统可靠性评估[D]. 济南：山东大学，2008.
[5] 王乐. 脆弱性分析在电力系统安全防御中的应用研究[D]. 北京：华北电力大学，2005.
[6] Billinton R，Billinton J E. Distribution system reliability indices[J]. IEEE Transactions on Delivery，1989，4(1)：561-568.
[7] 辛阔，吴小辰，和识之. 电网大停电回顾及其警示与对策探讨[J]. 南方电网技术，2013，1：32-38.
[8] 袁明军. 配电系统可靠性评估方法与应用研究[D]. 济南：山东大学，2011.
[9] 唐正森. 提高配电网供电可靠性措施的研究[D]. 长沙：长沙理工大学，2009.
[10] 吴义纯. 含风电厂的电力系统可靠性与规划问题的研究[D]. 合肥：合肥工业大学，2006.
[11] 宋云亭，郭永基，鲁宗相，等. 田湾核电站失去外电源的概率风险评估[J]. 核动力工程，2003，24(5)：478-481.
[12] 朱旭凯，刘文颖，杨以涵. 综合考虑可靠性因素的电网规划新方法[J]. 电网技术，2004，28(21)：51-54.
[13] 韦涛. 国内外配电网供电可靠性计算分析技术对比[J]. 供用电，2015，3：26-32.
[14] 曹伟. 10kV配电网规划的供电可靠性评估和应用[D]. 长沙：湖南大学，2009.
[15] Allan R N，Billinton R，Breipohl A M，et al. Bibliography on the application of probability methods in power systems reliability evaluation(1992-1996)[J]. IEEE Transactions on PAS，1994，9(1)：41-48.
[16] Transmission and Distribution Subcommittee of the IEEE Power Engineering Society. IEEE guide for electric power distribution reliability indices：IEEE std 1366—2001[S]. New York：Institute of Electrical and Electronics Engineers Inc，2001.
[17] Billinton R，Allan R N. Reliability Evaluation of Power Systems，and Edition[M]. New York：Plenum Press，1996.
[18] 鲁顺，高立群，王坷，等. 莫斯科大停电分析及启示[J]. 继电器，2006，34(16)：27-31，67.
[19] 张良栋，石辉，张勇军. 电网事故原因分类浅析及其预防策略[J]. 电力系统保护与控制，2010，38(4)：130-133，150.
[20] 禹红. 福建电网与周边电网互联电力市场运行问题探讨——加州电力危机、美加和欧洲大停电事故的思考[J]. 继电器，2007，35(7)：54-57，60.
[21] 赵宇，杨军，马小兵. 可靠性数据分析教程[M]. 北京：北京航空航天大学出版社，2009.
[22] 王守礼，李家. 电力气候[M]. 北京：气象出版社，1994.
[23] 袁周，黄志坚. 电力生产事故的人因分析及预防[M]. 北京：中国电力出版社，2004.
[24] 陈永近，任震，黄雯莹. 考虑天气变化的可靠性评估模型与分析[J]. 电力系统自动化，2004，28(21)：17-21.
[25] Fu W H，Mccalley J D，Vittal V. Risk assessment for transformer loading[J]. IEEE Transactions on Power Systems，2001，16(3)：346-353.
[26] 张勇军，袁德富. 电力系统可靠性原始参数的优化GM(1,1)预测[J]. 华南理工大学学报（自然科学版），2009，37(11)：50-55.
[27] 任震，吴敏栋，黄雯莹. 电力系统可靠性原始参数的滚动预测和残差修正[J]. 电力自动化设备，2006，26(7)：10-12.

[28] Brown R E，Ochoa J R. Distribution system reliability：Default data and model validation[J]. IEEE Transactions on Power Systems，1998，13(2)：704-709.

[29] 张勇军，袁德富，汪穗峰. 基于模糊差异度的电力系统可靠性原始参数选取[J]. 电力自动化设备，2009，29(2)：43-46.

[30] 张勇军，陈超，许亮. 基于模糊聚类和相似度的电力系统可靠性原始参数预估[J]. 电力系统保护与控制，2011，39(8)：1-5.

[31] 袁德富，张勇军，李邦峰. 供电可靠性管理创新模式探讨[J]. 电力系统保护与控制，2010，38(11)：99-103.

[32] 杜江. 基于蒙特卡洛法的电力系统可靠性评估算法研究[D]. 杭州：浙江大学. 2015.

[33] 王杨. 基于时序蒙特卡洛模拟的微电网可靠性分析[D]. 重庆：重庆大学，2014.

[34] Billinton R，Wang P. Reliability network equivalent approach to distribution system reliability evaluation[J]. IEE Proceedings Generation，Transmission and Distribution，1998，145(2)：149-153.

[35] 别朝红，王秀丽，王锡凡. 复杂配电系统的可靠性评估[J]. 西安交通大学学报，2000，34(8)：9-13.

[36] 相晓鹏，邵玉槐. 基于最小割集法的配电网可靠性评估算法[J]. 电力学报，2006，2：149 -153.

[37] 万国成，任震，田翔. 配电网可靠性评估的网络等值法模型研究[J]. 中国电机工程学报，2003，23(5)：48-52.

[38] 谢开贵，周平，周家启，等. 基于故障扩散的中压配电系统可靠性评估算法[J].电力系统自动化，2001，25(4)：45-48.

[39] 张雪松，王超，程晓东. 基于马尔可夫状态空间法的超高压电网继电保护系统可靠性分析模型[J]. 电网技术，2008，13：94-99.

[40] 卫茹. 低压配电系统用户供电可靠性评估及预测[D]. 上海：上海交通大学，2013.

[41] 别朝红，王锡凡. 配电系统可靠性分析[J]. 中国电力，1997，30(5)：10-13.

[42] 刘振亚. 全球能源互联网[M]. 北京：中国电力出版社，2015：102-253.

[43] 陈安伟. 智能电网技术经济综合评价研究[D]. 重庆：重庆大学，2012.

[44] 马其燕，秦立军. 智能配电网关键技术[J]. 现代电力，2010，2：39-44.

[45] 赵智勇. 配电网供电可靠性规划研究[D]. 保定：华北电力大学，2014.

[46] 贺艳辉. 配电网可靠性与经济性分析[D]. 济南：山东大学，2008.

[47] 管霖，冯垚，刘莎，等. 大规模配电网可靠性指标的近似估测算法[J]. 中国电机工程学报，2006，10：92-98.

[48] 马其燕. 智能配电网运行方式优化和自愈控制研究[D]. 北京：华北电力大学，2010.

[49] 张心洁，葛少云，刘洪，等. 智能配电网综合评估体系与方法[J]. 电网技术，2014，1：40-46.

[50] 李勋，龚庆武，胡元潮，等. 智能配电网体系探讨[J]. 电力自动化设备，2011，8：108-111，126.

[51] 董旭柱，黄邵远，陈柔伊，等. 智能配电网自愈控制技术[J]. 电力系统自动化，2012，18：17-21.

[52] 谭益. 考虑新能源发电不确定性的智能配电网优化调度研究[D]. 长沙：湖南大学，2014.

[53] 李鹏波，徐建政，吕昂. 智能配电网技术研究综述[J]. 机电一体化，2013，10：4-9，65.

[54] 刘伟，彭冬，卜广全，等. 光伏发电接入智能配电网后的系统问题综述[J]. 电网技术，2009，19：1-6.

[55] 陈松. 智能配电网供电可靠性评估[D]. 保定：华北电力大学，2015.

[56] 冯明灿，邢洁，方陈，等. 储能电站接入配电网的可靠性评估[J]. 电网与清洁能源，2015，6：93-96，103.

[57] 张文亮，丘明，来小康. 储能技术在电力系统中的应用[J]. 电网技术，2008，32(7)：1-9.

[58] 钟宇峰，黄民翔，羌丁建. 电池储能系统可靠性建模及其对配电系统可靠性的影响[J]. 电力系统保护与控制，2013，19：95-102.

[59] 陈娅. 电动汽车接入配电网的可靠性及效益评估[D]. 重庆：重庆大学，2015.

[60] 胡泽春，宋永华，徐智威，等. 电动汽车接入电网的影响与利用[J]. 中国电机工程学报，2012，4：1-10，25.

[61] 葛少云，郭建祎，刘洪，等. 计及需求侧响应及区域风光出力的电动汽车有序充电对电网负荷曲线的影响[J]. 电网技术，2014，7：1806-1811

[62] Yang Z G，Zhang J L，Kintner-Meyer M C W，et al. Electrochemical energy storage for green grid[J]. Chemical Reviews，2011，111(5)：3577-3613.

[63] 芦晶晶，赵渊，赵勇帅，等. 含分布式电源配电网可靠性评估的点估计法[J]. 电网技术，2013，8：2250-2257.

[64] 解翔，袁越，李振杰. 含微电网的新型配电网供电可靠性分析[J]. 电力系统自动化，2011，09：67-72.

[65] 赵洪山，王莹莹，陈松. 需求响应对配电网供电可靠性的影响[J]. 电力系统自动化，2015，17：49-55.

第2章 用电可靠性的概念和评价指标体系研究

2.1 可靠性概念的发展

2.1.1 可靠性概念延伸的必要性

我国当前的电力可靠性管理水平与世界上一些发达国家相比还存在一定差距。部分发达国家的电力可靠性评估已涵盖了所有电压等级，指标体系完整，统计结果所反映的供电可靠性水平比较接近用户获得的真实水平。由于技术手段的局限和电网发展的历史因素，我国目前大部分供电可靠性方面的工作和研究都以中高压配电网为对象，面向所有用户的可靠性统计分析工作尚处于起步阶段。随着智能电表的应用和一表一户工作的推展，中国南方电网有限责任公司（简称南方电网）逐步将统计口径向终端用户拓展，开展了以终端用户为统计单位的供电可靠性统计，但是这只是将现有的供电可靠性指标简单地沿用到终端用户的计量表计处，与本书所提的用电可靠性是不同的。无论是中压用户口径的供电可靠性，还是正在努力实现的终端用户口径的供电可靠性都是从电网角度判断电网的供电能力，电能质量等导致用户无法正常用电的其他因素并不在供电可靠性的考虑范围内。用电可靠性则是从用户角度考虑判断用户是否能获得持续合格电能的能力。

国内配电网供电可靠性评估采用面向系统的供电可靠性指标体系，统计范围仅计及中高压用户，但随着电网的发展，这套评价指标的局限性愈发明显：

1）供电可靠性指标，尤其是中压口径的供电可靠性，仅粗略考虑了供电持续性的问题，无法全面反映用户真实用电体验。由于低压线路设施故障、复电信息传达、非线性负荷接入、低电压等因素，用电用户直观感受的用电可靠性远差于供电企业公布的供电可靠性指标，使用户体验改善工作事倍功半。

2）传统供电可靠性评估无法适用于智能配电网和主动配电网。智能配电网中分布式电源及储能等新因素的加入对用户用电可靠性将产生一定影响，这些在供电可靠性中难以体现。同时，智能电网的运行控制都需要一套更精细化更贴近用户的可靠性指标。

3）面向系统的、不考虑电能可用度的传统评价指标体系已不能满足供售电企业配电网精细化管理和售电市场深度开发的新要求。随着电力市场化改革的推进，应运而生了第一批售电企业，南方电网和国家电网有限公司（简称国家电网）也相继成立独立的售电公司并参与售电市场的竞争中。在未来的电力市场竞争中，用户的用电可靠性和用电体验必将成为各供售电企业抢占市场份额的一大竞争点。面向系统的、不考虑电能可用度的传统供电可靠性指标体系显然不能完全体现用户用电体验。

2.1.2　用电可靠性的新概念

本书的配电网用电可靠性定义为：在某一定期间内，用户能够持续不间断地从电网或自身发电、储能设备等获得满足电能质量要求的电能的能力。

随着分布式电源、储能、电动汽车等用户获取电能的方式不断丰富，用户使用电能并不完全依赖于电网的供电。另外，随着电网自动化程度的提升和电力电子设备的大量应用，短时停电和由电能质量问题引起的停电或用电设备停运事故越来越常见，这对传统供电可靠性指标没有太大的影响，但对用户而言，短时停电和电能质量问题的危害不亚于持续停电事件，甚至损失更严重。因此，用电可靠性的考察内容不仅要全面反映停电事故，更要考虑用户，尤其是敏感用户和设备的真实用电状态，在现有供电可靠性评估指标的基础上进行完善细化，具体包括：①用户侧电能供给的容量和持续性；②用户获得的电能可用度，主要包括电能质量问题（尤其是电压暂降和低电压）引起的配电网不停电但用户停电或部分设备停运的情况。

供电可靠性代表供电系统向用户持续供电的能力，而用电可靠性除了要将传统供电持续性延伸到用户侧外，还应反映实际客户获得最终电力供应水平，即客户对电力这种能源商品在质量和使用体验方面的感受。参考国际通用标准 IEEE Std 1366TM—2012 及《供电系统用户供电可靠性评价规程》（DL/T 836—2012）中对供电可靠性的定义。

显然，用电可靠性并不完全是电网的单方面责任，还与用户的用电特性、对电能质量的敏感程度、是否配备储能等用户自身因素有关。但是对用电可靠性进行研究有助于指导电网企业提高服务水平和供电质量，减少用户投诉，提升客户满意度，在未来的电力市场竞争中占据更大优势。在规划建设阶段和电网改造中应该考虑用户用电可靠性，及时并合理地响应特殊需求，尽可能使电网的供电可靠性水平与用户的用电可靠性期望相匹配。另外，随着智能电网的建设和发展，分布式电源、储能、V2G 等新技术的加入给用电可靠性提供了新选择。

2.2 用电可靠性与供电可靠性的区别

（1）面向的主体不同

供电可靠性面向的主体是电力系统，而用电可靠性的主体是电力用户。供电可靠性用于度量配电系统在某一期间内保持对用户连续供电的能力，其核心在于电网能否持续提高电力供应，至于用户侧能否正常用电不在其考察范围内。用电可靠性旨在体现用户在某一期间内能否持续地获得满足电能质量要求的电力供应，关注的是用户的用电需求能否被满足，侧重于表达用户的用电体验。

由于面向的主体不同，用电可靠性和供电可靠性在很多场景下都存在分歧。例如，电网发生短路故障，保护装置正确动作，故障切除，重合闸动作成功，整个事件都没有造成主网的稳定性问题，但过程中产生的短时中断或电压暂降可能在用户侧引起保护装置动作断电、设备重启等问题，其影响与持续停电后果相同。对电网而言，保护装置能在故障后一定时间内切除故障，恢复供电，则认为电网是可靠的，因此考虑保护动作时间后，3 min 内的短时停电事件在供电可靠性中不需要纳入统计范围；对用户而言，短时停电造成的停电时间未必比持续停电事件短，由于短时停电没有复电通知用户不能及时合闸复电，停电时间大大增加，含可编程逻辑控制器（PLC）等电力电子设备的工业用户停电后的平均重启时间远不止几分钟，从用电可靠性的角度来看，这些都属于持续性停电。

（2）是否考虑电能质量

是否考虑电能质量问题也是用电可靠性与供电可靠性的重要区别之一。传统供电可靠性一般只考虑电网故障、计划检修等原因引起的电网侧停电事件，而不考虑电能质量问题引起的用户侧电能不可用情况。从用电可靠性角度而言，无论是电网侧原因还是配网中其他用户引起的停电或电能不可用的问题，对用户用电体验的影响都是相同的。因此，用电可靠性必须考虑电压暂降、电压偏低、谐波等电能质量问题，而且在不同用户需求条件下，用户对电能质量的重视程度和侧重点都有所不同。

在农村电网中存在电压偏低情况，常常使用户的水泵、空调等设备不能启动或无法正常工作。此类问题并未造成供电中断，所以在供电可靠性中无法体现，但这确确实实降低了用户的用电可靠性。除了电网侧产生的电能质量问题，用户侧的干扰源也会给所在配电网的用电可靠性产生影响。例如，含大功率电弧炉的工业用户接入后可能会给配电网中的其他用户带来谐波、电压波动和闪变等问题。因此考虑电能质量的用电可靠性不仅是对电网提出更高的要求，同时也考察了用户之间的可靠性影响。

（3）统计范围不同

供电可靠性仅考虑公共连接点（point of common coupling，PCC）以上的中压配电网，统计单位为一个中压用户[公用变以一台 10（6、20）kV 配电变压器作为一个统计单位，专用变以一个电能计量点为一个统计单位]，计量点设置在 10（6、20）kV 配电变压器二次侧出线处或中压用户的产权分界点，而且只关注监测点是否通电[1]。随着一户一表工作的开展和智能电表的普及，南方电网已经逐步将供电可靠性的统计口径拓展到终端用户。终端口径用户指的是在一个供电系统内接收企业计量收费的用电单位，包括高压受电用户（110 kV、35 kV）、中压受电用户（10（6、20）kV）及低压受电用户（0.4 kV）。供电可靠性和用电可靠性的统计范围见图 2-1。

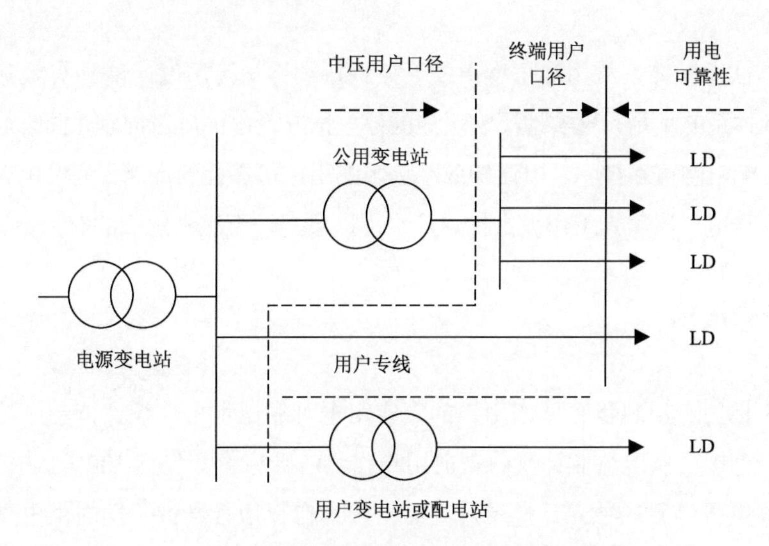

图 2-1　供电可靠性和用电可靠性的统计范围

用电可靠性同样以一个终端计费用户为一个统计单位，覆盖 PCC 分界面以下的所有用户。对于绝大部分用户而言，用电可靠性和终端用户口径的供电可靠性的计量位置是相邻的。终端用户口径供电可靠性的计量点延伸至终端计费用户计量表的进线单元，用电可靠性的计量点则应设置在计量表的出线单元。但对并不完全由电网供电的用户，其用电可靠性的计量点则有所不同。

（4）评估方法不同

传统的供电可靠性评估只关注持续停电时间，其指标体系均围绕停电事件的频率、持续时间、次数、缺供电量等方面[2]。在实际应用中通常采用供电可靠率、平均停电时间和平均停电次数三个指标进行评价。由于这三个指标相关性较大，性质相近，所以在供电可靠性评估时只需要进行指标数据收集统计后排序即可判断各配电网的供电可靠性高低。

根据用电可靠性的定义，用电可靠性评估应包括用户侧获得电能的持续性和可用性，指标体系应该包含用户侧的供电持续性、电能质量等方面的考察指标。同时，由于用电可靠性指标体系中包含了性质差异较大的指标，无法通过单一指标的简单排序直观看出用电可靠性的评估结果，需要运用多指标评估方法进行综合评估。用电可靠性评估与用户自身用电特点及需求密切相关，在评估时可以根据用户实际情况调节各指标权重或者使用部分指标进行评估。

2.3 用电可靠性的评价指标

用电可靠性指标体系从用户角度出发，兼顾持续性与可用度，能够有效弥补传统供电可靠性指标体系的不足，真实地反映用户的停电情况及电能质量问题。同时通过对比指标可体现低压配电网可靠性、复电通知效率等影响用电可靠性的问题，为供电企业提高用电可靠性、提升用户体验等工作提供指导，也可以成为按可靠性定价的有力参考指标。

2.3.1 用户侧指标

用户侧指标用于反映包含低压用户的真实用电可靠性水平，统计范围应该推广至低压用户，以一个接受供电企业计量收费的用户作为统计单位，包括 380V/220V 的低压受电用户及更高电压等级的独立计量用户，而由用户自行运行维护管理的供电设备造成的停电事故应排除在外。用户侧指标一方面是将现有供电可靠性指标进行延伸，用于表征用户获得电能的持续性，另一方面应增加可用度方面的指标从用户获得的电能质量反映用户用电可靠性水平。

目前，国内外普遍通过频次、持续时间和可靠率三个方面来评价供电可靠性，认为这三方面指标可基本反映供电的持续性水平。因此，根据《供电系统用户供电可靠性评价规程》（DL/T 836—2012）中定义的可靠性指标，将其指标统计单位延伸至所有计费用户侧，可形成用电可靠性、用户平均停电时间和用户平均停电次数指标。

由于计量精度及重合闸等原因，在供电侧停电时间的实际统计中仅包括 3 min 或 5 min 以上的停电事件，但随着电网可靠性提升，短时停电所占比例将逐步提高，不同用户对短时停电的接受能力差异较大，仅考虑持续停电事件显然不合理。因此需要针对短时停电事故和持续停电事故分别设置用户平均停电时间指标。另外，在评估指标体系中设置了重复停电概率指标，以反映用户平均指标所无法体现的低压配电网内可靠性分布不均、停电事故集中发生于部分用户的问题。

可用度方面主要考虑的是电能质量问题。电压波动或电压暂降会引起用户侧低压断路器误跳闸；谐波、电压偏低等电能质量问题可能导致部分用户设备停运或不可用[1]。这些用户侧电能可用度情况无法通过上述指标反映，有相关研究提出通过部分设备停运次数指标反映由电能质量问题引起系统不停电但用户部分设备停运或不可用的情况。由于电压质量问题对用电可靠性的影响最为显著，通过电压合格率指标在一定程度表征用户获得电能的可用度。另外，可依据电能质量问题引起的能量损失和经济损失将电能质量指标等效转换为停电时间指标。

1）用电可靠率（reliability probability of power customer）：统计时间内，所有计费用户获得可用电力供应的小时数与统计时间的比值，记作 RP。

$$\mathrm{RP}=\left(1-\frac{\sum t_m}{M\times T}\right)\times 100\% \tag{2-1}$$

式中，t_m 代表该配电网中第 m 个计费用户在统计时间内的总停电时间；M 代表该配电网中的计费用户总数；T 代表统计时长。

2）用户平均短时停电时间（average temporary interruption duration）：统计时间内，所有计费用户经历短时停电的总平均小时数，记作 ATID（h/户）。根据文献[2]，将停电持续时间小于等于 3 min 的停电定义为短时停电，持续时间大于 3 min 的称为持续停电。为了预留继保系统动作时间，本书根据国内外现行电能质量标准将 1～3 min 的停电时间记为短时停电时间，1 min 内的停电记为短时中断，属于电能质量问题。1 min 以内的停电问题通过非停电设备停运次数等电能质量指标表示，且只计及对用户用电可靠性产生明显影响的情况。

$$\mathrm{ATID}=\frac{\sum t'_{mj}}{M} \tag{2-2}$$

式中，t'_{mj} 代表该配电网中第 m 个计费用户在第 j 次短时停电时的停电时间。

3）用户平均持续停电时间（average sustained interruption duration）：统计时间内，所有计费用户经历持续停电的总平均小时数，记作 ASID（h/户）。

$$\mathrm{ASID}=\frac{\sum t''_{mj}}{M} \tag{2-3}$$

式中，t''_{mj} 代表该配电网中第 m 个计费用户在第 j 次持续停电时的停电时间。

4）用户平均停电次数（average interruption frequency）：所有计费用户在统计时间内的平均停电次数，记作 AIF（次/户）。

$$\text{AIF} = \frac{\sum m_j}{M} \tag{2-4}$$

式中，m_j 代表在第 j 次停电时受影响的计费用户数。

5）重复停电概率（repeated interruption probability）：统计时间内，每年停电次数超过 3 次的计费用户占整体用户的比重，记作 RIP（%）。

$$\text{RIP} = \frac{m_r}{M} \times 100\% \tag{2-5}$$

式中，m_r 代表每年停电次数超过 3 次的计费用户数。

6）平均缺用电量（average power shortage）：统计期间内，平均每个用户因停电或者电能质量而无法正常使用的电量缺额，记作 APS_{-1}（kW·h）。

$$\text{APS}_{-1} = \frac{\sum Q_j}{M} \tag{2-6}$$

式中，Q_j 代表由于第 j 次停电或电能质量问题而损失的总负荷。

7）非停电设备停运次数（equipment shutdown frequency）：统计时间内，由电能质量问题引起系统不停电但部分用户设备停运或不可用的次数，记作 ESF（次）。

$$\text{ESF} = \sum P_m \tag{2-7}$$

式中，P_m 代表配电网内第 m 个计费用户在统计时间内的由电能质量问题引起的系统不停电而该用户出现设备停运或不可用的次数。并不是每次电能质量问题都需要记录，只需要统计对用户用电可靠性产生明显影响的情况。

8）非停电缺用电量（average power shortage without interruption）：统计期间内，系统不停电，由于电能质量导致的用户部分设备停运或不可用的总电量差额，记作 APS_{-2}（kW·h）。

$$\text{APS}_{-2} = \sum Q_j^* \tag{2-8}$$

式中，Q_j^* 代表由于第 j 次电能质量问题而损失的总负荷。

9）电压合格率（voltage eligibility rate）：统计时间内，用户进线单元的电压合格时长与统计时间的比值[3]，记作 VER（%）。

$$\mathrm{VER}=\frac{\sum t_{vm}}{M\times T}\times 100\% \qquad (2\text{-}9)$$

式中，t_{vm} 代表配电网内第 m 个计费用户在统计时间内的电压合格小时数。

2.3.2　对比指标

为了与供电可靠性形成互补，全面覆盖配电网及其用户，用电可靠性指标可以建立对比指标，用于反映配电网中供电可靠性与用户实际用电可靠性的差异，表征低压配电网线路可靠性和复电信息传递等服务水平方面的提升空间，帮助挖掘用电可靠性的改进方向。对比指标由供电可靠性指标与用户侧指标计算得出。假设供电侧电能质量基本合格，用户的电能质量问题绝大部分由附近干扰源引起，因此不设置可用度方面的对比指标。

1）中低压用户可靠率差：计费用户的用电可靠率与系统供电可靠率之差，记作 $\Delta\mathrm{RS}$（%）。

$$\Delta\mathrm{RS}=\mathrm{RS}_{-1}-\mathrm{RSL} \qquad (2\text{-}10)$$

式中，RS_{-1} 代表供电可靠率，即对中压用户有效供电小时数与统计时间的比值。

2）中低压用户停电次数差：计费用户平均停电次数与中压用户停电次数之差，记作 $\Delta\mathrm{AITC}$（次/户）。

$$\Delta\mathrm{AITC}=\mathrm{AITCL}_{-1}-\mathrm{AITC}_{-1} \qquad (2\text{-}11)$$

式中，AIHC_{-1} 代表供电侧的平均停电时间，即中压用户在统计时间内的平均停电小时数。

3）缺供、缺用电量差：统计期间内，系统不停电，由于电能质量导致的用户被迫削减的用电量差额，记作 ENU_{-2}（MW·h）。

$$\mathrm{ENU}_{-2}=\sum Q_j^* \qquad (2\text{-}12)$$

式中，Q_j^* 代表由于第 j 次电能质量问题而损失的总负荷。

4）供电、用电中断时间差（average sustained not use duration）：统计时间内，系统不停电，由于电能质量导致的用户设备停运或不可用的总平均小时数，记作 ASNUD（h/户）。

$$\mathrm{ASNUD}=\frac{\sum t_{ij}}{M} \qquad (2\text{-}13)$$

式中，t_{ij} 代表该配电网中第 i 个计费用户在第 j 次经历不停电但电能不可用时的持续时间；M 代表该配电网中的计费用户总数。

5）供电、用电可靠率差（average service not availability without interruption）：统计时间内，所有计费用户获得不停电但不可用电力供应的小时数与统计时间的比值，记作ASNAWI（%）。

$$\mathrm{ASNAWI}=\frac{\sum t_i}{M\times T}\times 100\% \tag{2-14}$$

式中，t_i代表该配电网中第i个计费用户在统计时间内的不停电但电能不可用的总时间；M代表该配电网中的计费用户总数；T代表统计时长。

表2-1中给出了南方电网韶关地区10个10 kV配电网的供电可靠性指标和用电可靠性指标数据。由于技术手段和调研统计时间的限制，部分用电可靠性数据暂未统计分析。

对比供电可靠性指标和用电可靠性指标，可以看出：用电可靠率普遍低于供电可靠率，用户平均短时停电及持续停电时间之和大于供电侧平均停电时间，用户平均停电次数也略高于系统的平均停电次数。由此说明供电可靠性指标数据与用户真实的可靠性水平存在较大差距，只有将指标延伸至用户侧才能真正反映用户的用电可靠性体验。

另外，用电可靠性指标体系能够较好地反映重复停电概率高、电能质量差等影响用电可靠性的事件，同时兼顾持续性和可用度。配电网S_5中重复停电率高达65%，既说明其平均停电次数偏高，也反映出该配网中可能存在可靠性的薄弱区域。配电网S_3中部分设备停运次数最高，说明该地区存在严重电能质量问题或含有较多敏感性用户。配电网S_6的电压合格率最低，同时其部分设备停运次数也较高，反映了该配网用户侧的电能可用度水平较低，由电压暂降等电压质量问题引起的用户停电或部分设备停运事故较常发生。配电网S_4用户侧的持续指标值均略低于平均水平且中低压用户可靠性水平差距最为明显，说明该地区的台区出线至用户进线之间线路可靠性较低。

表2-1 供用电可靠性指标数据示例

	供电可靠率/%	平均停电时间/h	平均停电次数/次	用电可靠率/%	用户平均短时停电时间/h	用户平均持续停电时间/h	用户平均停电次数/次	重复停电概率/%	部分设备停运次数/次	电压合格率/%	中低压用户可靠率差/‰	中低压用户停电平均次数差/次
S_1	99.920	6.99	1.58	99.914	0.21	7.32	1.77	2.1	0	97.84	0.061	0.190
S_2	99.832	14.76	5.09	99.825	0.30	15.07	5.14	20.7	10	95.78	0.070	0.050
S_3	99.917	7.24	1.58	99.913	0.18	7.43	1.76	5.3	57	96.78	0.042	0.183
S_4	99.642	31.35	7.81	99.621	0.28	32.88	7.89	32.4	2	96.41	0.206	0.081
S_5	99.523	41.77	13.12	99.517	0.25	42.07	13.30	65.0	8	95.93	0.063	0.184
S_6	99.860	12.24	4.52	99.859	0.33	12.01	4.73	4.7	35	94.29	0.011	0.211
S_7	99.365	55.63	14.53	99.358	0.28	55.93	14.65	78.0	16	95.88	0.066	0.119
S_8	99.630	32.45	7.40	99.613	0.25	33.68	7.51	44.0	6	96.32	0.169	0.113
S_9	99.735	23.19	6.16	99.729	0.53	23.18	6.48	35.7	3	96.55	0.060	0.315
S_{10}	99.879	10.63	3.81	99.877	0.09	10.66	3.82	6.8	0	97.24	0.014	0.008

2.4 本 章 小 结

本章首先讨论了可靠性概念延伸的必要性，提出用电可靠性概念及评估要求，并对比分析了用电可靠性与传统供电可靠性在统计范围和评估方向上的区别。其次针对用电可靠性的定义和评估需求，提出了包含用户侧指标和对比指标的用电可靠性指标体系，从持续性和可用度两个方面全面反映停电事件或电能质量问题引起的用电可靠性变化。通过供电可靠性指标数据和用电可靠性指标数据的比对，证明了用电可靠性能够更有效地反映用户的实际用电感受和低压配电网中的薄弱环节。

参 考 文 献

[1]　欧阳森，刘丽媛. 配电网用电可靠性指标体系及综合评估方法[J]. 电网技术，2016，40(10)：215-221.

第 3 章　用电可靠性的影响因素研究

3.1　供电管理的相关原则

3.1.1　供电地区分级分类原则

在配电网规划阶段通常将电网供电地区分为四级，供电区分为六类。

（1）供电地区分级

根据供电地区的行政级别、城市重要性、经济地位和负荷密度等条件将其划分为四级，其中城市（含县级市）分为三级，县为第四级，如表 3-1 所示。

表 3-1　南方电网供电地区的级别划分

地区级别	特级	一级	二级	三级
划分标准	国际化大城市	省会及其他主要城市	其他城市，州政府所在地	县
南方电网供电地区	广州、深圳	桂林、昆明、贵阳、三亚、佛山、东莞、珠海、南宁、柳州、曲靖、红河、遵义、海口	其他地区（市、州）	县

（2）供电地区分类

1）根据城市规划可将城市分为中心区、一般市区、郊区。若城市中心区低于 5 km^2 按一般市区考虑，不再单独分类。县分为县城、城镇、乡村。

2）根据各供电区规划发展定位或规划负荷密度指标将其划分为六类，如表 3-2 所示。

3）考虑现行管理体制，供电区划分基本依据行政区划分，但不等同于行政区划分。

4）城市供电分区不宜超过四类，县级电网供电分区不宜超过三类。

表 3-2　规划供电区分类对照表

地区级别	A 类	B 类	C 类	D 类	E 类	F 类
特级	中心区域或 30MW/km² 及以上	一般市区或 20～30 MW/km²	10～20 MW/km² 的郊区及城镇	5～10 MW/km² 的郊区及城镇	城镇或 1～5 MW/km²	乡村
一级	30MW/km² 及以上	中心区域或 20～30 MW/km²	一般市区或 10～20 MW/km²	5～10 MW/km² 的郊区及城镇	城镇或 1～5 MW/km²	乡村
二级	—	20～30 MW/km²	中心区域或 10～20 MW/km²	一般市区或 5～10 MW/km²	郊区、城镇或 1～5 MW/km²	乡村
三级	—	—	10～20 MW/km²	县城或 5～10 MW/km²	城镇或 1～5 MW/km²	乡村

对于不同的供电区，可靠性管理要求和目标有所不同。一般来说，供电区级别越高，可靠性要求越严格。南方电网对各类供电区规划理论计算供电可靠率（RS_{-3}）控制目标如表 3-3 所示。

表 3-3　供电可靠率控制目标

项目	A 类	B 类	C 类	D 类	E 类	F 类
供电可靠率	＞99.999%	＞99.99%	＞99.97%	＞99.93%	＞99.79%	—
用户平均停电时间	＜5.2 min	＜52.5 min	＜2.5 h	＜6 h	＜18 h	—

注：用户平均停电时间按《供电系统用户供电可靠性评价规程》（DL/T 836—2003）。

考虑现行管理体制，根据南方电网颁布的《供电企业提高供电可靠性综合工作试点及推广方案》，各级供电企业应在《110 千伏及以下配电网规划指导原则》有关供电区域的特征分类方法的基础上，结合企业实际配电网基层单位的管辖区域，开展供电区域分类和可靠性统计管理工作，以实现配电网规划分区分类与供电可靠性统计口径的基本统一。

各级供电企业可根据区域功能定位、经济发展水平、用户电力需求和区域电网条件等，按照《高中压用户供电可靠性管理标准》相关要求，将供电区域划分为市中心区、市区、城镇和农村四类（地区特征分类代码分别为 1、2、3 和 4；对于城市建成区和规划区内的村庄、大片农田、山区、水域等农业负荷，仍可划分为“农村”范围。

3.1.2　负荷分类原则

用户负荷按其负荷性质和重要程度分为特级负荷、一级负荷、二级负荷和三级负荷。各级负荷的性质和重要程度如表 3-4 所示。

表 3-4　用电负荷分类表

序号	负荷级别	工矿企业	民用建筑
1	特级负荷	一级负荷中，中断供电会发生中毒、爆炸和火灾等事故的企业	一级负荷中，特别重要场合不允许中断供电的负荷

续表

序号	负荷级别	工矿企业	民用建筑
2	一级负荷	突然停电会造成人身伤亡、重大生产设备损坏且难以修复，或者给国民经济带来重大损失者	有重大政治意义的场所（如党政机关，主要交通和通信枢纽站，电台，电视台，机场，等等），突然停电会造成人身伤亡者（如重点医院的手术室等）；有重要活动举行时的大型体育馆、大会堂、重要展览馆、宾馆等
3	二级负荷	突然停电会造成大量废品、大量减产，损坏生产设备等，经济上造成较大损失者	人员高度密集的重要公共场所（如重要的大型影剧院及大型百货大楼等），突然停电造成经济损失较大者
4	三级负荷	停电损失不大者	停电影响不大者

各用户由电网提供与其供电可靠性相对应的供电电源，采用双回路或多回路由不同方向供电电源供电，外接电源按如下原则考虑。

1）特级负荷：按“双电源”设计，采用双回路或多回路供电，并由电源点直配出线。用户自身应配备保安电源，并根据负荷性质配备不间断电源。

2）一级负荷：按“双电源”设计，采用双回路或多回路供电，其中应有一回以上由电源点直配出线。用户自身应自配保安电源。

3）二级负荷：按“双电源”设计，采用双回路或多回路供电。

4）三级负荷：根据用户供电可靠性要求选择与之相对应的供电方式。需要双回路及以上供电用户，在条件具备时其外接电源可引自两个不同方向。

3.1.3 停电事件分类

根据《供电系统用户供电可靠性评价规程》（DL/T 836—2012）规定的停电性质分类，导致用户供电中断（停电）可以归纳为故障停电和预先安排停电两种情况。

1）故障停电是指供电系统无论何种原因未能按规定程序向调度部门提出申请，并在6 h（或按供电合同要求的时间）前得到批准且通知用户的停电。故障停电又可分为内部故障停电和外部故障停电，内部故障停电是指属于本供电企业管辖范围以内的电网故障引起的停电，外部故障停电是指属于本供电企业管辖范围以外的电网等故障引起的停电。

2）预先安排停电可分为计划停电、临时停电和限电三种情况。计划停电是有正式计划安排的停电，如施工停电、检修停电和用户申请停电。临时停电是事先无正式计划安排，但在6 h（或按供电合同要求的时间）前按规定程序经过批准并通知主要用户的停电，如临时施工停电、临时检修停电和临时用户申请停电。限电是在电力系统计划的运行方式下，根据电力的供求关系，对于求大于供的部分进行电力限量供应，主要有系统电源不足限电和供电网限电两种形式。系统电源不足限电是指由于电力系统电源容量不足，由调度命令对用户以拉闸或不拉闸的方式限电。供电网限电是指由于供电系统自身设备容量不足，不能完成预定的计划供电而对用户以拉闸或不拉闸的方式限电。

3.2 用电可靠性的影响因素分类

用电可靠性的影响因素包括被普遍认识的常规影响因素和近几年逐渐暴露出来的新的影响因素。

3.2.1 常规影响因素

1. 网络接线模式

国内配电网接线模式主要包括：单电源辐射接线模式、分段联络接线模式、环式接线模式、N–1 主备接线模式，如图 3-1～图 3-4 所示。可靠性由低到高的顺序依次是单电源辐射接线模式、环式接线模式、分段联络接线模式和N–1 主备接线模式。

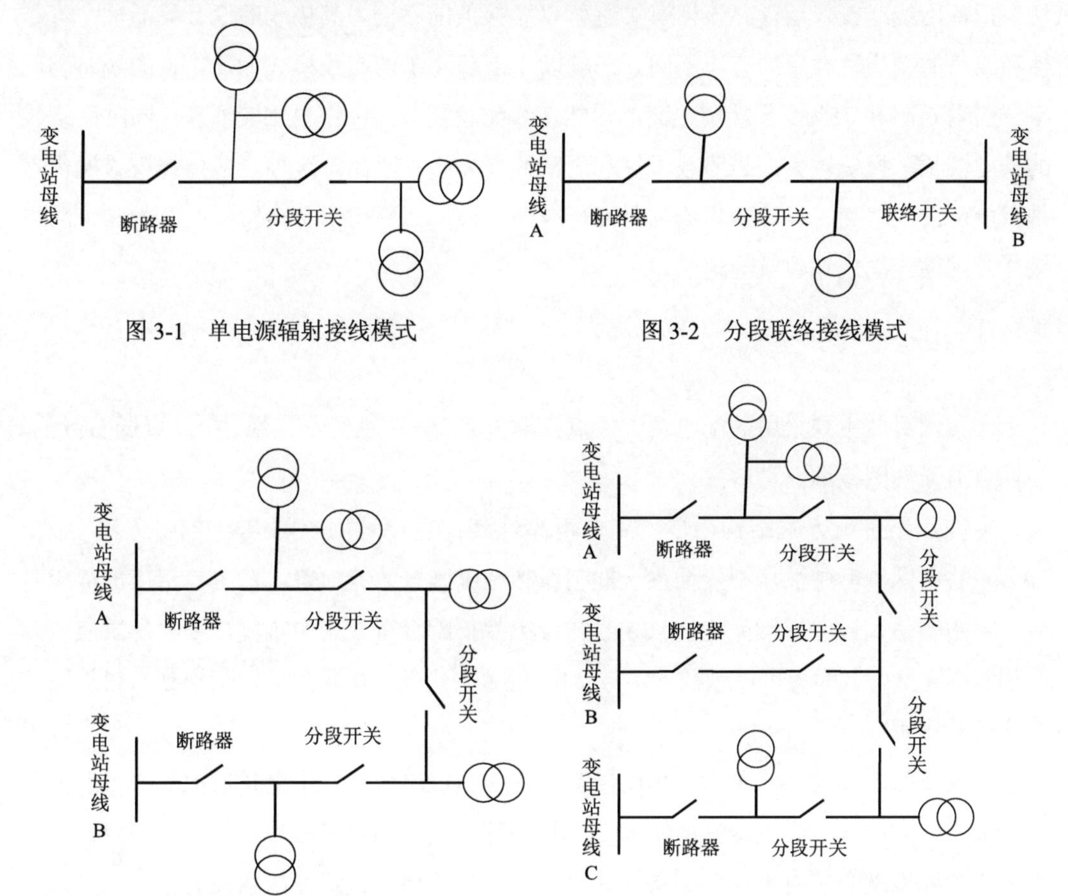

图 3-1　单电源辐射接线模式

图 3-2　分段联络接线模式

图 3-3　环式接线模式

图 3-4　N–1 主备接线模式

单电源辐射接线模式的优点是比较经济、配电线路短、投资小、新增负荷时连接也比较方便。缺点主要是故障影响时间长、范围较大，用电可靠性较差。

分段联络接线模式通过在干线上加装分段开关把每条线路进行分段，并且每一分段都有联络线与其他线路相连接，当任何一段出现故障时，均不影响另一段正常供电，这样使每条线路的故障范围缩小，提高了用电可靠性。与环式接线模式相比，分段联络的接线模式提高了馈线的利用率，但线路投资也相应增加。

环式接线模式的可靠性水平整体上比单电源辐射接线高，但不同环式接线方式在可靠性上有所差别。图 3-3 中的环式接线方式中有两个电源，取自同一变电站的两段母线或不同变电站，正常情况一般采用开环运行方式，其用电可靠性较高，运行比较灵活。但是如果自动化程度不高，线路或设备发生故障，负荷转供需运行维护人员到现场操作，那么这种接线方式的优势将大打折扣。

N–1 主备接线模式是指由线路连成环网，其中有条线路作为公共的备用线路，正常时空载运行，其他线路都可以满载运行，若有某条运行线路出现故障，则可以通过线路切换把备用线路投入运行。该种模式随着 *N* 备接值的不同，其接线的运行灵活性、可靠性和线路的平均负载率均有所不同。一般以 3–1 和 4–1 的接线模式为佳，总的线路利用率分别为 66%和 75%。备接值更高的模式接线比较复杂，操作也比较烦琐，同时联络线的长度较长，投资较大，线路载流量利用率的提高已不明显。这种主备接线模式的优点是用电可靠性较高、线路的理论利用率也较高。该方式适用于负荷发展已经饱和、网络按最终规模一次规划建成的地区。

2. 中性点接地方式

在我国目前主要采用的配电网中性点接地方式有：中性点不接地、中性点低阻接地、中性点消弧线圈接地三种。

中性点不接地方式结构简单、用电可靠性高，主要适用电网电容电流较小（小于 10 A）的电网，但中性点不接地系统抑制弧光过电压方面能力差，发生单相接地故障时非故障相的最大过电压幅值达 $3.5U_{\Phi}$ 且与继电保护配合有一定的难度，还容易发展成为两相短路事故，但因为可以带故障运行 2 h，综合费用低，在我国早期特别是农村地区获得广泛的应用[1]。

中性点低阻接地方式可以大幅度限制工频熄弧过电压，发生单相接地故障时非故障相的最大间歇性弧光过电压幅值仅为 $3U_{\Phi}$，但却牺牲了用电可靠性，采用中性点低阻接地方式的配电网必须有足够多的备用线路来保证故障线路被迅速切除后的负荷供电，投资较大，经济制约明显，因此在以电缆为主的电网中采用低电阻接地方式较为合理。

中性点消弧线圈接地具有用电可靠性高、人身安全与设备安全性好、通信干扰小等优点，但传统的消弧线圈抑制弧光过电压方面能力也不强、保护选择性差，人工调谐困难，随着微机选线技术的提高及自动跟踪消弧线圈的技术成熟，以上问题逐步得到解决，消弧线圈接地方式的优越性越来越明显，因此在电网改造中推广和优化消弧线圈的接地方式是较好的选择。

3. 配电电压等级

在电压等级较高的线路上，需要花更大的代价才能达到电压等级较低的线路同样的可靠性指标。电压等级较高的线路具有向更远距离供电和向更多用户供电的能力，因而难以避免暴露长度增加的问题。在规划较高等级的系统时应考虑可靠性问题。在较高电压等级的线路上，增加网络供电宽度比增加供电长度好。根据国外对一般性馈线的供电长度和宽度的分析结果，表明为了得到最好的可靠性，较高电压等级的线路应该更宽更长，而不仅是更长，如表 3-5 所示。通常，较高电压等级的线路只是设计得很长，这使得可靠性变差。长而薄弱的主线，再加上从主线引出的短支线，导致此类馈线的可靠性较差。

表 3-5　最佳可靠性条件下的主线长度和支线长度

电压等级/kV	主线长度/km	支线长度/km	主线与支线长度之比
13.8	2.43	1.53	1.59
23	2.91	2.12	1.37
34.5	3.36	2.75	1.22

4. 供电半径

就简单的单端网络结构而言，供电半径的合理选取对系统的供电可靠性有一定影响作用，影响的效果主要和线路的单位长度年平均故障率和其他元件的故障率有关，通常是供电半径越小供电可靠性越高。如果供电半径过大，配电线路在运行中经常发生跳闸事故，不但给供电企业造成经济损失，而且还影响广大城乡居民的正常生产和生活用电。线路故障可能是由于绝缘损坏、雷击损害、自然老化或其他等原因造成，其中，绝缘损坏是指高空落物、树木与线路安全距离不足等造成的故障，与沿线地理环境有关，一般认为绝缘损坏率与线路长度成正比；雷击损害造成的故障与避雷器的安装情况有关，雷击损害故障率大体上与避雷器安装率成反比，与避雷器自身故障率成正比；自然老化引起的故障与线路设备、材料有关，对同一类设备、材料，自然老化率与线路长度成正比。当配电网络结构布局不合理、供电半径大、供电面广时，停电往往是一停一片、一停一线，严重影响了配电网的用电可靠性。

线路上的电压降落，主要与导线截面积、线路长度和负荷大小有关。当认为负荷大小不变时，线路压降主要由输电线路长度，即供电半径决定。当供电半径过长时，线路电压偏差增大，会使线路末端电压偏低，影响用户的电能质量。

5. 电缆化率

我国许多城市电力网的构成主要依靠架空线路，架空线路存在着安全性比较差、影响市容等问题，架空线路主要依靠电杆矗立，城市用电量的增加导致出现电线纵横交错的现象出现，除了影响市容，还经常遭受道路两边的树枝的干扰，假如巡线不到位，没能及时修剪树枝，就会产生安全隐患，影响城市正常供电。采用电缆线路进行供电，提高电缆线路长度在总线路长度中的占比，可以有效解决以上问题。电缆线路被敷设在地面下，受气候条件、污区等级等外界因素的影响小，故障率处于相对较低水平，因而能够有效地提高配电网的用电可靠性。国外的先进地区已经把电缆化作为城市化建设的指标，我国虽然也取得了不错的成绩，但由于开发时间较短，与发达国家还存在着很大差距，所以我国城市在实现电力电缆化方面的任务还比较艰巨。

另外，虽然电缆线路的故障率较低，但地下电缆的故障是持久性的，由于电缆检测、清除和修复故障需要较长时间，电缆故障通常会引起长时间停电。为了保证电缆化率的提高能够提升配电网的用电可靠性，电网规划应更加合理，增加科技含量，重视施工质量；电网的调度工作应及时开展，提高工作人员处理故障的能力及应变能力。

6. 设备损害率

设备损坏，如变压器、电容器、电缆连接器、端接、绝缘子、连接器等的损坏会引起故障。当设备损坏时，几乎总是成为短路而很少开路。在架空线路中，设备损坏占故障的比例通常很低，因为架空线路上的大多数故障是暂时性故障；在地下线路中，大多数故障是由设备损坏引起的。

设备损坏构成了特别的风险，对电网安全具有严重后果。变压器应受到特别关注，因为它们是最常见的，其损坏发生率是很重要的数据。通常，变压器的损坏发生率大约为每年 0.5%。最常见的损坏模式是从匝间绝缘击穿开始的。变压器的绝缘在变压器的整个寿命期内一直在老化，长期过负荷、局部放电、接触不良等产生的高温是绝缘介质老化的主要原因之一。

诸如变压器或电容器等设备的内部故障会导致设备严重损伤，爆炸性的损坏还会危及工作人员和民众，应当采取有效的故障保护，了解内部损坏的特性也有助于防止这类事故。必须合理地熔断设备，熔断器配置必须保证一旦设备发生内部损坏，能在设备破裂或喷油之前将设备从系统中隔离出来。

减少设备损坏率的计划首先是确定大多数有问题的设备，其次是对重要线段上的损坏设备进行更换。首先应更换老旧设备。使用年限长、产品型号老旧的设备故障率相应较高，对使用年限超过 15 年或型号陈旧的设备进行更新和更换。在电网改造中，要尽量采用免维护和少维护的先进设备，延长设备检修周期。新建变电站的开关、断路器等应选质量好、可靠性高、少维护和少检修的设备。

7. 天气因素

天气条件会影响配电网的用电可靠性。配电网都是在不同的天气条件下运行的，其元件的故障率受外界气候条件的影响比较大。统计结果表明，随着所处天气条件的变化，配电网元件的故障率在大多数情况下也会发生变化。在某些天气条件下，元件的故障率可能比在最有利的天气条件下的故障率大许多倍。在恶劣的天气条件下，系统发生多阶故障的概率远比有利天气条件下的概率要大得多。

天气因素中对配电网用电可靠性影响最大的是雷击损害事故，其次是大风、雨雪天气。统计结果表明：雷击损害导致的故障原因主要有绝缘子和针瓶闪烙、避雷器爆炸及开关损坏等。大风、雨雪天气导致的故障原因主要有线路摆动导致相间短路、线路被异物缠绕或杂物被吹到开关上导致短路故障等。

8. 其他自然环境

污区等级是配电网可靠性重要影响因素之一。在污染严重的地区及沿海地区还有化学污染和盐尘，会引起泄漏电流。线路绝缘子因污染在大雾情况下也会出现大面积污染放电事故。环境污染对电网的主要危害有两个方面：一是导致电网设备的污染；二是加快设备老化。另外，沿线树木也会威胁线路的可靠性。由于巡视线路不够及时，树木生长超过了与导线的安全运行距离，没有及时砍伐，可能会导致发生线路接地故障，或者树木烧损造成线路短路跳闸。

9. 外力破坏

外力破坏造成的停电事件，按照引起的原因，又分为人为责任（车辆破坏、施工、偷盗破坏）、杂物（结婚彩带、风筝、鸟巢等因素）造成两大类。

近年来，输变电设施的外力破坏问题已经成为电网安全运行的重大隐患，盗窃、违章建房、违章施工、交通工具损坏线路、杂物等外力破坏事件屡屡发生。在外力破坏因素中，人为破坏因素占了较大的比例，其中车辆破坏是外力破坏主要因素之一。防止这类故障的发生可以使用加固杆塔，在道路交叉口处或是繁华街道的电线杆上涂抹反光漆，或是在拉线上挂上相应的反光标识，对交通有影响的电线杆应该尽快移除，如果没有办法进行移除则应采取相应的保护措施。

盗窃破坏电力设备的次数正呈快速上升的势头，此类外力破坏较难控制。通过加强运行巡视，加强对盗割线路、破坏电力设施行为的打击力度，以及加强保护电力设施的宣传、提高人们保护电力设施的意识，等等办法，可以起到一定的作用。

此外，由动物引起的故障经常也是造成断电的原因之一。跨接在带电导线与地之间或两根相导线之间的动物，会造成高度电离的、低阻抗的故障电流路径。动物可以引起暂时性故障或永久性故障，由动物引起的故障通常为单相对地故障。合适的套管防护加有护套的跳线可以有效防止大多数动物引起的故障。

10. 负荷密度

对于常规的放射式线路，较长的线路必然导致较高的停电概率，线路长度对年平均停电次数的影响较大。线路长度往往由负荷密度决定，因此，一个地区的负荷密度越高，线路长度越短，该系统的年平均停电次数 SAIFI 往往较小，用电可靠性越高。

在变电站容量一定时对于同一种网络结构，用电可靠性指标随着负荷密度的增大而增大。这主要是由于随着负荷密度的增大，变电站的供电半径减小，变电站到负荷的线路长度也会相应地缩短，而在单位长度线路的故障率一定的情况下，线路的平均故障率与线路长度成正比关系，所以配电网的可靠性指标就会相应地提高。

11. 用户事故出门

用户事故是指供电营业区内所有高压、低压用户在所管辖电气设备上发生的设备和人身事故。由用户过失造成电力系统供电设备异常运行，引起对其他用户少送电或者造成其内部少用电的，或者供电企业的继电保护、高压试验、高压装表工作人员在用户受电装置处因工作过失造成用户电气设备异常运行，从而引起电力系统供电站设备异常运行对其他用户少送电的情况俗称用户事故出门。

目前配电网络一般采取树干式放射状的运行方式，在一条馈线上接有若干数量的公用变压器和专用变压器。如果这些配电变压器没有采取合理正确的保护装置，或者保护不匹配、存在死区，一旦低压用户设备或者属于用户的专用变压器、配电房、配电柜等设备发生各种故障，就有可能引起主馈线非选择性跳闸，造成停电面积扩大，影响接在同一条馈线上的其他用户的可靠供电。

随着我国国民经济的快速发展，城市用户对用电可靠性和电能质量的要求不断提高，减少用户事故出门对降低配网事故跳闸次数、保证配网连续可靠地运行、保证配网广大用户的正常用电和减少配网线路故障巡查的工作量都具有十分重要的意义。

3.2.2　新影响因素

1. 用户用电需求和习惯

供电可靠性是客观地反映系统的持续供电能力，而用电可靠性则体现用户用电需求的被满足程度。不同用户对持续可用的定义不尽相同，因此用户特性对用电可靠性的评价结果影响较大。十几毫秒的电压暂降对于精密仪器生产厂家而言与几分钟的停电事件影响相同，甚至前者带来的潜在经济损失更大，但对于家庭用户，可能完全没有察觉暂降的发生，对其正常用电毫无影响。同样的供电条件，用户需求和用电习惯的差异会导致不同的用电可靠性感受。对住宅小区的电动汽车充电站，只要在用户早上用车时充满电量就不影响其用电可靠性，充电期间是否发生停电对其用电可靠性的影响较小。

此外，用户对电能质量的敏感程度也将影响用电可靠性的评价结果。在以普通居民用户为主的台区，轻微的电能质量问题一般不会造成严重影响，也不会在可用度方面的考察指标中体现，台区用户感受到的用电可靠性良好。但同样的电能质量水平却可能导致精密工业用户设备不正常运作、停运、重启等情况，使其可用度方面的考察指标变差，用电可靠性降低。

2. 特殊负荷接入

《中国南方电网城市配电网技术导则》定义特殊负荷为“产生谐波、冲击、波动和不对称负荷，且超过允许限值需要采取限制措施的电力用户为特殊用户”。该定义指出特殊负荷具有的特性及其引起的电能质量问题。

负荷的冲击特性是指负荷功率具有快速变动的特点，在较短的时间内负荷出现剧烈的上升下降过程；波动特性是指电能质量干扰源的功率会在一定范围内不断波动，处于动态变化过程当中，且大多变现为随机性，无明显规律；谐波特性是指电能质量干扰源由于负荷的非线性、电力电子技术的应用等因素，会向公用电网注入谐波电流或在公用电网中产生谐波电压，是典型的谐波源；不对称特性是指负荷会产生明显的三相不平衡问题，即三相电力系统中三相电压在幅值上不同或者相位差不为 120° 或兼而有之。

电能质量干扰源接入系统所产生的问题极其复杂，既表现为一系列的电能质量问题，也会对配电网造成诸多不利影响。由于配电网处在电能输送的末端，电压低、损耗大，而电能质量干扰源的接入将会引起无功功率的大量流动，会导致电流增加，无功电流的冲击与波动将增加线路损耗，使供电的经济性下降。电能质量干扰源无法与其他负荷共用变压器进行供电，多需要大容量的专变，这使得专变的容量未得到有效利用，电力设施负荷率小、利用率低而且系统运行方式不灵活、检修困难。另外，由于无功负荷比重过大，变压器负荷较实际有功负荷增加近一倍，使变压器铜损增加近一倍，铁损也陡然增加，变压器温度升高，使变压器运行中安全性大大降低且寿命严重缩短，维护周期严重缩短。同时，低功率因数运行将增加输变电设施的运行电流，将引起输变电设施过载且因传输大量无功电流而降低有功电能的传输容量，造成电气设备运行效率低、损耗大。此外，电能质量干扰源接入带来的无功冲击还将会降低电网可靠性，甚至对电网的安全运行造成隐患，并且会缩短电气设备的寿命，在有些情况下还使其他用户的生产受到影响，造成产品质量下降，产量减少。

3. 智能配电网

智能配电网融合应用了诸如主动配电网和能源互联网等大量先进技术、智能化终端设备，使得配电网的整体性能大大提升，当然包括用电可靠性的提高，更高的用电可靠性也是智能配电网最显著的特征之一。智能配电网在结构、功能、整体性能等诸多方面相对于传统配电网都有很大不同，其运行方式、故障处理过程及检修维护等各方面也都和传统配电网有明显区别[2-4]。现有智能配电网对可靠性影响较大的技术主要包括：故障定位技术、孤岛辨识技术、配电网系统自愈控制技术、智能配电网结构及网络重构、分布式电源或微电网接入等。对于智能配电网条件下的用电可靠性分析，除了传统配电网可靠性评估需要考虑的因素外，还有以下新的因素需要重点考虑：

1）配电网自动化。高级配电网自动化是智能配电网发展的基础，其融合了先进的测量、传感、控制、信息与通信等技术及传统的配电技术，形成了自动故障定位和故障隔离、变电站自动化、馈线自动化等技术。这些配电网自动化技术的运用，改变了配电网的结构、保护与运行控制方式，缩短了故障处理各环节的时间，使得配电网的整体性能大大提升，尤其是用电可靠性得到了明显改善。

2）分布式电源的大量接入。近年来可再生能源发电得到了迅猛发展，电网中分布式电源接入的比例也越来越大。但风力、光伏发电等可再生分布式电源的大量接入对配电网产生了深刻的影响，改变了传统配电网的结构和运行方式，对配电网的用电可靠性有很大影响。分布式电源的接入为配电网提供了可供选择的多种供电途径，从供电的连续性来看，减少了负荷的停电时间，提高了用户的用电可靠性。从运行的角度来看，由于分布式电源自身的运行方式具有高度的不确定性，并且故障率较高，所以分布式电源在一定程度上又降低了配电系统的运行可靠性。

3）储能技术。储能系统在改善电能质量、提高用电可靠性、削峰填谷，维持电网稳定运行及微电网经济优化运行方面具有重要作用。随着新能源发电技术和电力电子技术的进步，微电网技术得到了迅速的发展，储能技术在微电网中可以维护电网的稳定性，提高电网运行的经济性。储能装置可以改善分布式电源的出力和频率质量，同时可以提高分布式电源并网的稳定性和可靠性，减少对大电网的冲击，在电力系统中发挥调峰、电压补偿、频率调节，提供不间断电源等作用。

4）电动汽车。电动汽车作为一种特殊的电力负荷，其充电行为在时间和空间上都具有一定的随机性、间歇性。当电动汽车大规模接入电网充电时，其无序充电行为会引起电网在高峰时段负荷明显上升，加重配电网的供电负担，还会对配电变压器寿命、三相负载平衡等产生负面影响，从而影响电网的安全可靠性。另外，电动汽车作为分布式储能元件，可支持大规模可再生能源接入电网协同调度。随着智能电网和 V2G 技术的快速发展，当配电网发生故障形成孤岛区域时，大量电动汽车电池还可以作为移动的分布式电源，向孤岛区域供电，从而提高了配电网的用电可靠性，降低大规模电动汽车接入带来的不利影响。

5）微电网。微电网是指由分布式电源、负荷、保护装置、监控系统和能量管理系统等组成的小型发配电系统，既可以与大电网并网运行，也可以孤立运行。一方面，微电网不仅能在供电高峰时通过并网运行补充主网的有功和无功不足，减轻主网的供电压力，更重要的是当主网停电时，微网通过转为孤岛运行，还可由 DG 继续向负荷供电，从而提高用电可靠性。另一方面，由于基于可再生能源 DG 出力的间歇性和随机性等问题，微电网可能对用电可靠性产生负面影响。微电网内部的 DG 特性和负荷特性影响着微电网自身的运行特性，同时也与大电网的互动情况有关，尤其当微网的渗透率较高时，这一特点更为明显。

6）预防性维修策略。随着智能配电网的发展，预防性维修策略得到了快速发展和广泛运用。配电网维修策略与配电设备的故障率、使用寿命密切相关，直接影响配电网用电可靠性。传统配电网一般采用故障后维修策略，即运行设备发生故障以后再维修，是一种被动的维修方式。突发故障可能会对电网和用户造成巨大的经济损失，对设备、人员和环境造成严重危害，因此完全实行故障维修的配电网安全性和可靠性都很差。相比故障维修，预防性维修能够有效降低配电设备的故障率，延长设备使用寿命，降低维修成本，是提高配电网用电可靠性的有效措施。

3.3 电能质量与用电可靠性

3.3.1 电力市场下的电能商品属性

电力市场是采用法律、经济等手段，本着公平竞争、自愿互利的原则，对电力系统中发电、输电、供电、用户等各环节成员组织协调运行的管理机制和执行系统的总和。电力市场的基本特征是：开放性、竞争性、计划性和协调性。与传统的垄断电力系统相比，电力市场具有开放性和竞争性。与普通的商品市场相比，电力市场具有计划性和协作性。电力系统是互相紧密联系的，任一成员的操作，均将对电力系统产生影响，所以要求电力市场中的生产、使用、交换具有计划性。同时由于电力系统要求随时做到供需平衡，所以要求电力市场中的供应者之间、供应者与用户之间相互协调。

随着电力系统改革的不断深化，我国的电力市场日趋开放。2015 年 3 月《中共中央国务院关于进一步深化电力体制改革的若干意见》，重点指出了要有序向社会资本开放配售电业务。电力市场的开放给电力系统可靠性带来的最大影响是可靠性要求进一步提高。

可以预见在未来的电力市场中，电能可靠性应该成为市场交易的一个方面。不同的客户对电能质量的要求会不同，愿意为电能可靠性支付的费用也有所不同。对供电公司而言，不同的发电商提供的电能可靠性不同对其付费也应该有所区别，同样，购电用户也可以根据需求花更高的电价购买质量更优和可靠性更高的电能，选择服务水平更高的供电公司。此时，电力企业对可靠性和电能质量的提升工作将不仅是为了承担公共基础事业的社会责任，更是为了争取更多的客户资源，赢得更大市场份额，提高企业效益。

因此，在讨论配电网可靠性时，不仅要从电网的角度拓展供电可靠性的统计范围，同时也需要从电力用户的角度出发评估其用电可靠性，综合考虑电能质量、供电持续性和用户需求。

3.3.2 电能质量概念及其影响

电能质量（power quality，PQ）问题可以定义为：任何导致用电设备故障或不能正常工作的电压、电流或频率的偏差，其内容包括：电压偏差、频率偏差、电压波动与闪变、三相不平衡、瞬时或暂态过电压、波形畸变（谐波）、电压暂降、中断、暂升及供电连续性等[5]。针对这些电能质量问题，表 3-6 中介绍了主要的电能质量评估指标及其统计方法。

表 3-6　电能质量主要指标及统计方法

技术指标	评估指标	测量时间	监测周期
电压偏差	电压偏差	10 min	至少一周
频率偏差	频率偏差	1 s、3 s 或 10 s	—
电压波动和闪变	长时闪变	2 h	一周
电压不平衡	负序电压不平衡度	10 min	一周
谐波	THD_u/SATHD	3 s、10 min 或 2 h	—
间谐波	间谐波电压含有率	3 s	—
电压暂降和短时中断	$SARFI_{90}$	事件开始至结束	系统指标至少一年

传统的机电负荷主要是照明、加热器、电动机等，并且生产线各工序及设备之间相互隔离，没有实现自动化流水线。因而，传统负荷对短时间的电压变化没有反应，只在供电长时间中断（俗称停电）时才不能正常工作。所以传统负荷对电能质量的要求较低，主要关注电压偏差和频率偏差，传统供电可靠性也没有将电能质量问题纳入考虑。但是，近十几年来，随着众多基于计算机、微处理控制器的精密电子和电力电子装置在电力系统中的大量应用，电能质量问题已越来越突出，尤其是动态电压质量问题[6-10]。电压暂降与短时间中断是动态电压质量中最突出的问题，它会造成计算机内存出错，系统紊乱，甚至重新启动；数字式或电子式控制器不能正常工作，从而引起被控制设备运行不稳定、电机堵转、接触器跳闸等；数控型自动生产线显示极大社会价值生产能力的同时也暴露了其致命脆弱性：个别环节设备对电压质量的敏感性会导致一批流水线上废品的产生，甚至整个生产线全停，由此造成的经济损失相当大。

另外，电能质量问题等同于停电，其影响的大小并不完全取决于电压质量问题的持续时间，反而更多表现在动态电压质量问题上，尤其是电压暂降和短时间中断。用户生产流水线一旦因之被迫停运，不但正在流水线上被加工的产品报废，而且生产线需要重启动，至少造成 1 h 至数小时不等的生产停顿。美国对工业用户调查的用户最小重启动时间平均值为 17.4 h，中值为 4 h，而设备 1～10 个周波（即 20～200 ms）不能正常工作造成用户平均停产时间是 1.39 h[7]。国内研究机构对国内常见敏感工业设备的电压暂降敏感性进行调研，其结果如表 3-7 所示。

表 3-7　部分常见敏感设备对电压暂降的敏感特性[8,10]

设备名称	电压暂降程度	造成的影响
某公司芯片	测试仪电压低于 85%	芯片被毁，测试仪停止工作，其内部电子电路主板故障
可编程控制器	电压低于 81%	PLC 停止工作
	电压低于 90%、持续几个周期	一些 I/O 设备被切除
精密机械工具（由机器人控制对金属部件进行钻、切割等）	电压门低于 90%、持续时间超过 2～3 个周期	被跳闸
直流电机	电压低于 80%	直流电机被跳闸
调速电机	电压低于 70%、持续时间超过 6 个周期	被跳闸而退出运行
调速电机（精细加工）	电压低于 90%、持续时间超过 3 个周期	被跳闸而退出运行
交流接触器	电压低于 70%、甚至更高	脱扣
低压脱扣器	电压低于 50%、持续时间超过 3 个周期	脱扣而导致保护装置误动作
计算机	电压低于 60%、持续时间超过 4 个周期	工作将受到影响，如数据丢失

3.3.3　电能质量与可靠性的关系

传统供电可靠性指标是以供电系统对用户停电时间的多少为统计评价基准的。对只有停电才受影响的传统负荷来说，传统供电可靠性指标无疑满足了它们的需要。用电可靠性不仅需要反映用户从供电系统获得连续供电供应的能力，也应体现电力工业对国民经济电能需求的满足程度。

越来越多负荷对电压暂降、暂升、谐波、三相不平衡度等电能质量指标表现敏感，虽然出现电能质量问题时并没有引起传统的供电中断，也没有引起传统意义的电力可靠性指标恶化，但是这些电能质量问题却可能引起重大的用户损失或引起重大的电力事故进而引起电力可靠性问题，此时电能质量问题显然属于电力可靠性的范畴。例如，上海华虹 NEC 生产硅晶片，任何持续事件超过 10 ms、电压降超过 10%的电压跌落对企业而言相当于一次供电中断，会损失上百万美元，但这样的电压暂降事件电力系统难以感知，更不可能影响电力可靠性指标。20 年前重合闸功能被认为是提高系统供电可靠性的有力手段，对于非永久性故障重合闸后能够持续地向用户提供电力供应，没有哪一个用户关注如此短时间的电力中断问题[6, 7]。随着大量计算机及电子设备的应用，一次成功的重合闸就已经是一次电力中断事故了，因为在不到 1 s 的时间内电子钟停止了走动、计算机重新启动等，给用户带来的损失不亚于持续停电。

按传统供电可靠性指标的定义，造成用户不能连续性生产的电压暂降和短时间中断等电能质量问题并未纳入评估体系。蒙受损失的用户必然质疑目前评估的“3 个 9”或“4 个 9”的供电可靠率指标及其定义是否可信。可见传统的电力系统可靠性概念所包含的内容已经难以适应客户特别是敏感设备对电力可靠供应的要求。因此新形势下，同时考虑电能持续性和可用度的用电可靠性更为适用。

电能质量与用电可靠性的关系可概括为以下几点：

1）供电可靠性关注的是电力系统，以系统运行的终极目标，而当今形式下，合格电能质量的电力供应才是系统运行的终极目标，即电能质量问题是传统可靠性概念的进一步延伸，在面向用户的用电可靠性中必须同时体现电能质量和可靠性。

2）传统的电力可靠性能清楚地描述明显的电力中断事件，这样的事件物理现实是清楚可见的，但电能质量事件常常是半个周波至几十毫秒的事情，这些事件系统根本无法感知、无法清楚可见，但是对用户而言可能是一次严重的中断，因此需要用电能质量的观点去描述这样的电力可靠性事件。

3）传统的供电可靠性的目标是不随时间而改变的，即提供持续不断的电力供应，但是电能质量指标的种类和特征却可以随着技术的进步而变化，同样用电可靠性也会随着技术和用户需求的发展得出不一样的评估结论和控制目标。例如，上述的重合闸事件，随着用户对重合闸过程中电能质量事件的分析，知道了这是一个经历不到 1 s 的电力中断事件，此时计算机配置了不间断电源，就能顺利地渡过这一短暂过程，此时对计算机而言，也就不存在由这一电能质量事件导致的电力供电可靠性问题。当然如果所有敏感设备均配置不间断电源（或其他措施）后，电压暂降现象也就不会成为影响用电可靠性的因素了。

3.4　智能电网中的电能质量问题

智能电网要求电网能够与用户实现双向互动，能够实现分布式、可再生能源的接入，能为用户提供绿色清洁、安全、优质（满足电能质量要求）的电能。但与此同时，智能电网中存在着多电源接入导致负荷潮流难以控制，新能源的并网、脱网都会对电网造成冲击，电力电子型电源产生谐波污染电网等多种不利因素，使得电网的电能质量发展呈现恶化趋势。下面分析风力发电、光伏发电、电气化铁路和电动汽车四类常见场景可能带来的电能质量问题。

3.4.1　风力发电

自 2005 年以来，风力发电在我国开始迅猛发展，截至 2012 年中国新增装机容量 13 GW，累计装机容量 75.3 GW，超过美国位列世界第一位。目前国内风电已超过核电，成了继煤电和水电之后的中国第三大主力电源。

风力发电分为独立运行的孤岛模型和接入电力系统运行的并网模型两种运行方式。由于我国的风能资源主要集中在“三北”地区，而用电负荷集中在华东、华南等东南部地区，风资源与市场的逆向分布，使风电场所发电力无法就地消纳，大部分需要并入电网通过输电网络将风电输送到负荷中心[11]。并网运行的风力发电场可以得到大电网的补偿和支撑，更加充分地开发可利用的风力资源。因此，风力发电并网运行是国内外风力发电的主要发展方向。

风力发电是将风的动能转变为风轮轴的机械能后，再由机械能转换为电能，其输出功率与风速的立方成正比，由于风速的不确定性，风电出力也具有较大的随机性和波动性。风力发电机大多是异步电机，在运行时发出有功功率同时从电网吸收无功功率作为补偿，所吸收的无功功率也会随着风力特性的变化而变化，这将引起电网的电压问题，而且风力发电机自身配备的电力电子装置在运行中会产生谐波污染。

总而言之，风力发电对电能质量的影响主要表现在：①风电场并网线路无功损耗及风电场自身的无功需求导致的无功不足，会导致风电场的并网点产生电压偏差；②风电机组在连续运行或者投切操作时会引起电压波动和闪变；③变速风电机组（如双馈感应风力发电机组）装有大功率电力电子装置，将在运行时向系统注入谐波；④系统中存在三相不平衡负荷时，风电场会受到影响而导致出力波动，加剧系统的三相不平衡度。

3.4.2 光伏发电

我国太阳能光伏发电应用始于20世纪70年代，经过近几十年的快速发展，已经跻身于世界的前列，中国作为光伏制造大国已经大步迈向光伏强国之路。我国制定的新能源专项规划中指出，到2020年光伏装机容量将达到50 GW[4]。相比传统交流发电，在将直流电能经逆变转换为交流电能的过程中，光伏发电系统会产生大量谐波，影响用户电能质量，损害用户设备，造成经济损失。光伏发电带来的电能质量问题主要的问题包括以下4点。

1）并网逆变器作为光伏并网控制的核心器件，除了本身是电力电子设备会存在谐波问题外，当工作在低功率区时，也会产生较大的电流谐波，对电网造成污染。

2）在配网终端大量接入光伏发电设备时，由于存在反向的潮流，PV电流通过馈线阻抗产生的压降将使负荷侧产生的电压高于变电站侧电压；另外，PV发电功率随光照变化而变化，造成输出电流的变化造成电压波动，光伏发电设备规模越大，电压波动越明显。

3）光伏发电输出受天气影响很大，尤其在多云天气，发电功率会出现快速剧烈变化，发电功率的最大变化率超过10%[12]。光伏电源出力变化带来的电压骤降造成光伏供电用户设备停运停产情况已有发生。

4）为了有效利用太阳能，并网光伏发电的控制策略为最大功率点追踪（MPPT），不具有调度自动化功能，不能参与电网频率、电压的调整。这不但减少了配网的可调度发电容量，而且增大了配网控制的难度。

3.4.3 电气化铁路

一方面，电力牵引相对内燃牵引具有污染小、可综合利用各种能源、功率大，能源综合利用率高等特点，因此在各国都得到广泛的应用。近几年来我国加快了铁路建设的速度，陆续批准新建了京津、武广、郑西、京沪等众多客运专线，电气化铁路比重不断上升。另一方面，随着我国电气化铁路的发展，电牵引负荷对电力系统的电能质量的影响问题，也越来越引起人们的关注。

电力牵引负荷为单相非线性冲击负荷，功率大，在运行过程中有较大的负序电流注入电网，导致电力系统三相不对称运行，产生高次谐波，使电网电压波形产生畸变，而且大量无功的需求使供电系统电压偏移和波动，从而使电网的电能质量受到严重影响。

高速铁路跟一般电气化铁路的情况又略有不同。高速铁路全部采用的是交直交动车组，功率因数一般大于 0.95，谐波含量也很小，满足国家标准的要求。因此和一般电气化铁路相比，功率因数和谐波不再是高速铁路的电能质量关注点，而电压波动和负序问题仍是目前高速铁路牵引变电站可能引起的主要电能质量问题。

电力机车作为典型非全相运行方式的电气设备，负序问题一直存在。它对电力系统的影响，主要表现在造成发电机局部过热和振动、引起异步电动机过热和降低出力、使反应负序分量的继电保护装置误动作及通信干扰等方面。在高速铁路牵引站系统中，由于其牵引功率比普通电气化铁路大，产生的负序电流问题也更严重。空气阻力随速度呈几何级数增长，当列车速度达到 350 km/h 时，列车运行所需功率最高超过 24000 kW[4]。如此大负荷的冲击，对所在电网电压波动的影响程度和影响频度都会加深。

3.4.4 电动汽车

电动汽车给电网带来的电能质量问题主要表现在充电时引起的谐波上。由于充电机是一种非线性电力电子设备，所以会产生大量谐波电流，对公用电网造成污染，并且污染影响程度随着充电机台数的增加而逐渐增加。汽车充电站的经营特点是布点相对较密，如果按照国家经济贸易委员会和建设部在《关于完善加油站行业发展规划的意见》中规定的服务半径不少于 0.9 km 的要求布点，当同时有大量电动汽车充电时，电网的谐波问题将会非常严重，甚至影响电网的安全。

根据转换方式不同，电动汽车的充电机可分为三大类：不控整流+斩波器、不控整流+DC/DC 变换器（有高频变压器）和 PWM 整流+DC/DC 变换器（有高频变压器）。前两种类型的电动汽车充电时将带来较大的谐波电流，需要加装滤波装置，后一种可将谐波电流限制在很低的水平，功率因数和变换效率也较高，对电网电能质量几乎不构成威胁，但其成本较高，未能大范围推广。

充电站的谐波大小除了和充电设备本身的特性相关外，和谐波阻抗的大小也有紧密联系，因此负荷的大小、电源进线的长度都对谐波产生了影响。在汽车充电的过程中，由于谐波阻抗不断变化，谐波的大小也会不断快速变化。因此，如何提升现有滤波装置的性能将成为智能电网电能质量治理的新难题。

3.5 供用电可靠性影响因素区分

对于绝大部分仅由电网供电的用户而言，供电可靠性是用电可靠性的基础，因此，影响供电可靠性的因素同样会作用于用电可靠性，如网络接线模式、供电半径、气候因素、分布式电源等。同时，由于面向对象、考察内容等方面的差异，用电可靠性也存在部分专属的影响因素，如用户用电需求和习惯、特殊负荷接入等。

当前大部分配电网供电可靠性指的是中压用户口径的供电可靠性，计量点设置在 10（6、20）kV 配电变压器二次侧出线处或中压用户的产权分界点。当影响因素对中压计量点处统计得出的供电可靠性没有明显影响时，认为此影响因素仅影响用电可靠性，不影响供电可靠性。以下对上述提及的用电可靠性影响因素进行进一步区分，区分的结果如表 3-8 所示。

表 3-8　各种影响因素的区分结果

分类	影响因素
仅影响用电可靠性	用户用电需求和习惯
	特殊负荷接入（电能质量干扰源）
	电动汽车
既影响供电可靠性，也影响用电可靠性	网络接线模式
	中性点接地方式
	配电电压等级
	供电半径
	电缆化率
	设备损坏率

续表

分类	影响因素
既影响供电可靠性，也影响用电可靠性	气候因素
	其他自然环境
	外力破坏
	负荷密度
	用户事故出门
	配电网自动化
	分布式电源接入（风力发电、光伏发电等）
	储能技术
	微电网
	预防性维修策略

3.6 本章小结

本章主要从两个维度分析了用电可靠性的影响因素。首先，总结了现有的供电地区分级分类原则和负荷分类原则，分析了南方电网对各级供电分区和各级别负荷在可靠性控制目标上的差异，介绍了停电事件分类。其次，从用电可靠性的持续性方面，并从常规因素和新影响因素两个方面分别讨论了用电可靠性的影响因素。再次，对影响电能可用度的主要因素——电能质量进行了系统的分析，概括并分析了电能质量的概念、主要技术指标及其对电网和用户产生的影响，梳理了电能质量与可靠性的关系。分析结果表明：虽然传统供电可靠性中难以体现电能质量对可靠性的影响，但从用户角度出发，无论是持续停电、短时停电还是电能质量问题，其带来的影响和损失都是类似的。最后，对智能电网中 4 种可能引起电能质量的典型场景进行具体分析，提炼各种场景的主要电能质量问题。

参考文献

[1] 唐正森. 提高配电网供电可靠性措施的研究[D]. 长沙：长沙理工大学，2009.

[2] 马其燕，秦立军. 智能配电网关键技术[J]. 现代电力，2010，27(2)：39-44.

[3] 张心洁，葛少云. 智能配电网综合评估体系与方法[J]. 电网技术，2014，38(1)：40-46.

[4] 陈松. 智能配电网供电可靠性评估[D]. 保定：华北电力大学，2015.

[5] 肖湘宁. 电能质量分析与控制[M]. 北京：中国电力出版社，2011.

[6] 欧阳森，李奇. 供电企业的电能质量服务体系研究[J]. 华南理工大学学报（社会科学版），2015，4：7-13.

[7] 陶顺，肖湘宁，刘晓娟. 电压暂降对配电系统可靠性影响及其评估指标的研究[J]. 中国电机工程学报，2005，25(21)：66-72.

[8] 杨京燕，倪伟，肖湘宁，等. 计及电压暂降的配网可靠性评估[J]. 中国电机工程学报，2005，25(18)：28-33.

[9] 欧阳森，刘平，吴彤彤，等. 低压脱扣器电压暂降敏感性试验研究[J]. 电网技术，2015，2：575-581.

[10] 欧阳森，蔡桂锋，彭汉华，等. 谐波对电能计量装置影响的误差分析[J]. 低压电器，2009，21：48-51.

[11] 何世恩，郑伟，智勇，等. 大规模集群风电接入电网电能质量问题探讨[J]. 电力系统保护与控制，2013，2：39-44.

[12] 韩智海. 分布式光伏并网发电系统接入配电网电能质量分析[D]. 济南：山东大学，2013.

第4章 新形势下的供用电可靠性统计及评估方法研究

4.1 可靠性统计向低压配电网拓展方法

我国在统计中、高压用户供电可靠性方面做了大量的工作。随着电网商业化运营步伐的加快和一户一表工程的实施，由供电企业直接管理服务、直接承担供电责任的低压用户数量迅速增加。供电企业可靠性指标的统计、评价、分析与管理由中、高压向低压用户的扩延是供电企业自身发展的必然需求，是提高用户供电质量及逐步实现与国际接轨的必由之路。低压用户数量众多、分布广泛，一个大型城市的低压用户大约有几十万户甚至上百万户、几百万户，这成为开展低压用户供电可靠性统计工作的最大的难点。另一个重要制约因素是开展此项工作的投资不能太大，应该在可承受的范围内完成这项工作。以下从预测评估方法和统计手段两个方面介绍供电可靠性向低压配电网拓展的主要实现方法。

1. 低压配电网可靠性预测和评估方法

一般情况下，适用于低压配电网的接线类型一般是辐射式的，如果特定部位发生故障，会影响整个低电压配电系统，即对单一故障较为敏感，容易发生故障。此外，配电设备还和用户直接相互联系，是用户取得用电的最终环节。当故障发生以后，会对整个用户供电造成严重影响。因此，对低压配电网进行可靠性评估分析，需要分析其中的薄弱环节。

针对低压配电网故障率较高、量大面广的特点，可以采取概率统计方法，进行低压配电网的设备故障模拟。其具体方法是，根据低压配电网可靠性模型建立其可靠性模拟数据库；由于电力系统故障服从泊松分布，根据各类设备的运行数据即平均故障率，计算出该类设备故障次数的分布曲线；采用随机取样的方法，产生该次故障次数及故障设备编号。

基于元件可靠性统计的供电可靠性评价方法考虑各种可能的停电原因，从而分析各类设备的运行可靠率，建立低压配电网及其元件的可靠性模拟数据库。总而言之，这种可靠性评估方法是在元件可靠性统计基础上，采用理论预测评估方法来估算低压配电网的各项可靠性指标值。常用的可靠性评估算法主要包括解析法、蒙特卡罗模拟法、混合法及人工智能类方法。

通常引起停电的原因众多，而且又相互独立，每种原因造成停电的时间长短也有很大差别。由低压配电系统原因造成用户停电的情况，主要包括以下几个方面：负荷总开关短路过流、低压出线开关短路过流、架空导线受到外力破坏、分线箱过负荷发热、单元进线接触不良、单元总开关过负荷、线路线径小、电度表故障等。另外，还有由于计划停电引起用户停电的情况，主要包括城网改造、更换设备等。同时，低压配电系统中元件种类繁多，可靠性水平差异较大。这些因素都使得基于元件可靠性统计的可靠性评估方法在低压配电网中的实现相对困难。

由于低压用电系统一般为多级树型结构，系统分层可达一级，相应元件的故障统计分析数据量很大。不仅如此，由于管理水平和历史原因，低压配电网的基础数据很不完善，所以基于元件可靠性模型的评价算法在实际应用中通常会面临数据缺失的问题。

对此可采取概率统计方法进行低压配电网供电可靠性评估。当给定低压用户供电可靠性评价指标后，应用概率统计方法评估供电可靠性实际上就是利用有限容量低压用户的样本数据，估计总体用户的各项指标水平，然后以此来对整个低压用户的可靠性进行评价。这种方法主要涉及三个需要解决的问题：①样本数据如何获取；②如何根据样本数据的均值估计总体均值；③如何确保预测评估的精度。

这种统计预测评估方法无须研究元件的可靠性，只需根据采样数据即可评估配电系统的可靠性。其优点是可以大大降低成本，可实现自动统计，以较少的测点实现较大范围的低压用户供电可靠性统计，并保证达到要求的测量精度；测点的多少可根据要求的测量精度的高低调整，投资比较少，适合大范围使用。缺点是该系统只能用于用户供电可靠性的统计计算和用户供电电压的自动监测；与全部统计比较而言，结果有一定误差。

2. 低压用户可靠性统计手段

与高压和中压系统相比，低压配电网的用户一般都比较分散，信息管理和数据收集过程自动化程度不高，而且实现全自动化的成本不菲，所以低压配电网的可靠性管理工作发展十分缓慢。目前，国内供电企业针对低压用户的供电可靠性统计手段主要包括人工录入统计和自动化统计。两种统计模式各有优劣，在国内均有试点应用。

人工录入统计模式：在低压用户可靠性统计中采用类似中压用户供电可靠性统计方法，运行数据和停电原因则由人工录入，上海嘉定供电所属于此种模式。这种方案的优点是投资少，见效快，可以和用电营业综合管理系统结合建设。缺点是不能实现自动统计。基础数据整理工作量巨大，运行数据和停电原因的录入也需多人负责，结果有一定误差。

自动化统计模式：在每一个低压用户安装监测装置，自动记录每次停电事件的停电、送电时间，并自动传输到控制中心进行数据分析，即实现了可靠性运行数据的自动采集、传输和指标的自动统计计算。其中，数据传输途径可以多元化，目前主要有低压载波、有线、有线电视网络、市话等方式。虽然用户数据自动化统计，但停电原因等信息仍由人工录入。这种方案的优点是覆盖面广，统计到每一个用户，可以实现可靠性运行数据的自动采集、传输和指标的自动统计计算，统计结果快速、准确，可以和用电营业综合管理系统结合建设。缺点是投资大，系统运行维护工作量大，难以大范围使用。

4.2　考虑用电可靠性的客户用电信息管理系统

我国配电网的自动化程度较西方发达国家偏低，监测设备投入较少，客户用电信息管理缺少足够的数据来源及管理手段。目前，我国的基于供电可靠性的客户用电信息管理还只普及到中压用户，客户用电数据采集主要依赖安装在 10 kV 配电变压器上的电能采集终端，即以每台配变为一户进行用电信息管理[1, 2]。该种用电信息管理方式，对于专变客户而言，基本能够反映其真实用电情况。但对于一台供电范围可达上百个低压客户的公用配变，电能采集终端的数据则无法准确体现低压配电网的运行状态及低压客户的真实用电情况。

此外，随着智能电网的发展，新的电能质量问题逐步出现。这些新问题直接影响基于电力电子技术的非线性负荷接入的可靠性，威胁用户的用电可靠性。特别是电压暂降，由于电压暂降发生时间短，在基于供电可靠性的客户用电信息管理中是不计入停电的，且不影响配电网的供电能力，但实际上很多用户已经因低压脱扣造成了停电事实。此时即便是供电恢复正常，供电企业往往需要等到客户投诉后才得知断电事故，帮助客户恢复供电过程时间很长，给客户造成巨大的停电损失。这使得基于供电可靠性的客户用电信息管理工作存在诸多不足，不能真实衡量用户的用电可靠性。

考虑用电可靠性的客户用电信息管理要求供电企业能够及时、准确地了解客户的用电情况，并根据客户用电的情况快速地制定应对方案，切实地保障客户的用电可靠性，更加强调了管理工作的有效性及高效性。

随着电网自动化程度的不断提高，多功能电子式电能表、低压集中抄表系统和计量自动化系统的推广，供电企业能够更加全面地采集越来越多客户的用电数据[3-5]。以此为基础，电网部门能够将可靠性统计范围扩大至低压客户。利用这些基础数据对客户用电情况进行分析和研究，是真正做到用电可靠性统计的关键之处。

4.2.1　现行用电信息管理系统及停来电判断逻辑分析

1. 用电信息管理系统

用电信息管理系统是集现代数字通信技术、计算机软硬件技术、电能计量技术和电力营销技术为一体的用电需求侧综合性的实时信息采集与分析处理系统，如图 4-1 所示。它通过多种通信方式实现系统计算机主站和现场计量终端、低压集抄系统之间的数据通信，可实现数据采集、远程抄表、用电异常信息报警、电能质量监测、线损分析和负荷监控管理等功能[1,2]。

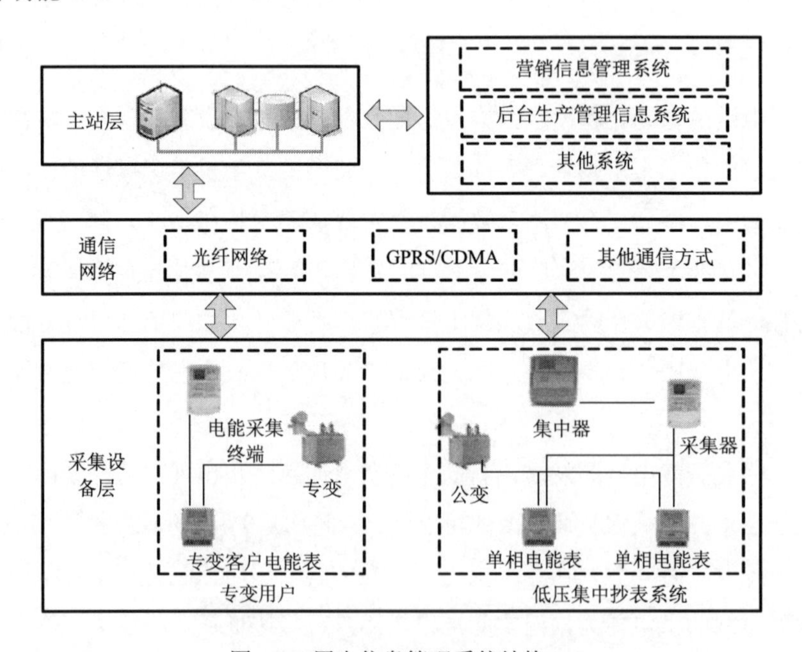

图 4-1　用电信息管理系统结构

在智能电网蓬勃发展的未来，计量自动化系统将是实现负荷和电网双向互动的重要桥梁，促进电能供应和需求平衡，提高客户用电信息管理的效率。

对于 10 kV 供电的专变客户，一个用电单位接在同一条配电线路上的几台高压用电设备采用一个总电能表计量，视为一个用户单位统计，并通过电能采集终端实现远程抄表。除此之外，电能采集终端还可实现监视客户负荷、计量监察、负荷管理等功能。在需要客户限电的情况下，通过电话通知客户，使其主动压电；对于不进行主动压电的客户，通过用电信息管理系统，下发跳闸命令到用电能采集终端，终端将对用户的开关进行跳闸，从而实现对客户用电负荷的控制。在现阶段，利用电能采集终端能够完全实现对专变客户的用电信息管理。

对于公用配电变压器供电的普通客户，低压集中抄表系统能够实现对已接入该系统的用户电能表实施完善的自动远方抄表、计量设备工作状况的监控、线损等用电信息的及时分析和掌握，实时采集用户电能表停来电信息和运行电压、电流等数据，并上传至用电信息管理系统主站，从而为其他用电量分析等数据分析业务提供依据，进而实现对客户用电可靠性分析和管理。

2. 电能采集终端和电能表的停来电判断逻辑

目前，大多数的电能采集终端和电能表因为内部结构简单，只能根据自身的供电电压变化来判断停来电的情况，这通常无法反映客户电能表出线后的断路器跳闸停电事故。再者，电能采集终端在实际运行过程中，为了防止电压波动导致错误地产生停电事件记录，厂商一般进行了防电压抖动设置，只有电压低于阈值并持续一定时间才会形成停电事件记录。这也使得电能采集终端无法准确识别电压暂降导致的停电事件。

目前，大部分电能采集终端和电能表的停、来电判断逻辑大致如表 4-1 所示。

表 4-1　电能采集终端和电能表的停、来电判断逻辑

	停电事件	来电事件
电能采集终端	$<0.6U_e$ 且 $T_1>3s$	$>0.8U_e$
单相电能表	$<0.6U_e$	$>0.8U_e$
三相电能表	$<0.6U_e$	$>0.8U_e$

4.2.2　考虑用电可靠性的客户用电管理系统软件设计

本节根据用电可靠性特点和要求设计一套考虑用电可靠性的用电信息管理软件，在软件内建立考虑用电可靠性的系统主站停、来电判断逻辑，对客户用电情况进行实时分析，帮助电网员工对客户停电事故做出快速反应，缩短客户用电中断时间，提高用电可靠性，并记录用电中断时间等基本信息，为后续可靠性统计工作提供基础数据并对用电可靠性做出评估。

1. 考虑用电可靠性的主站停、来电判断逻辑

鉴于电能采集终端和电能表停、来电判断逻辑中存在的缺陷，供电企业要确认客户是否发生停电事故，应同时根据用电运行数据中的电流进行综合判断。此外，现阶段计量自动化主站只是记录电能采集终端和低压集中抄表系统上传的客户运行数据，有必要对其功能进行改善，使其能够在判断出客户停电后向供电企业工作人员发出停电警报。

一般而言，与使用单相电能表的普通居民客户不同，使用三相电能表或安装专变的均为大容量的工业客户，此类客户在用电低谷时仍有部分负荷运转，即电流不为 0。针对以上情况，计量自动化主站需要对停来电判断逻辑做出修改，并结合电能采集终端和低压集中抄表系统上传的停、来电事件记录和运行数据做出准确的停、来电事件判断，进而有效地记录客户停电时间，为用电信息管理提供参考数据。

根据不同类型负荷的不同运行状态，从用电可靠性的角度出发，提出了自适应负荷电流的停电判据。每天零时，当计量自动化系统数据采集任务完成后，可对客户用电数据进行整理，对最近 7 天中各天的最小负荷电流求取平均值，并计算出下一天所需用到的停电判断阈值：

$$I_{zd} = K_d \cdot \frac{\sum_{i=1}^{7} I_{min}^{(i)}}{7} \tag{4-1}$$

式中，I_{zd} 是停电判断阈值；I_{min} 是最近某天中最小负荷电流；K_d 是负荷运行状态系数。

$$K_d = \sqrt[7]{\prod_{i=1}^{7} I_{min}^{(i)}} \tag{4-2}$$

当最近 7 天中出现最小负荷电流为 0 的情况，则负荷运行状态系数 $K_d = 0$，保证了停电判断阈值的灵敏性。

由此建立考虑用电可靠性的主站停、来电判断逻辑如下。

电能采集终端停电：当电能采集终端有停电信息且下一时刻的三相电流值均低于停电判断阈值，则认为电能采集终端发出停电信息的时刻为停电时刻；当电能采集终端无停电信息，但下一时刻的三相电流值均低于停电判断阈值，则认为最后一个正常数据点的时刻加上 8 min 为停电时刻。

电能采集终端来电：当电能采集终端有来电信息且下一时刻的三相电流值均高于停电判断阈值，则认为电能采集终端发出来电信息的时刻为来电时刻；当电能采集终端无

来电信息，但下一时刻的三相电流值均高于停电判断阈值，则认为最后一个停电数据点的时刻加上 8 min 为来电时刻。

单相电能表停电：单相电能表发出停电信息的时刻为停电时刻。

单相电能表来电：单相电能表发出来电信息的时刻为来电时刻。

三相电能表停电：当三相电能表有停电信息且下一时刻的三相电流值均低于停电判断阈值，则认为三相电能表发出停电信息的时刻为停电时刻；当三相电能表无停电信息，但下一时刻的三相电流值均低于停电判断阈值，则认为最后一个正常数据点的时刻加上 8 min 为停电时刻。

三相电能表来电：当三相电能表有来电信息且下一时刻的三相电流值均高于停电判断阈值，则认为三相电能表发出来电信息的时刻为来电时刻；当三相电能表无来电信息，但下一时刻的三相电流值均高于停电判断阈值，则认为最后一个停电数据点的时刻加上 8 min 为来电时刻。

2. 用电信息管理系统软件流程设计

基于上述的主站停、来电判断逻辑，用电信息管理系统的管理流程如图 4-2 所示。作为现有基于供电可靠性的用电信息管理系统的补充，用电可靠性指标和考虑用电可靠性的主站停、来电判断逻辑被编写入用电信息管理软件并嵌入到用电信息管理系统中。

在用电可靠性评估中，各指标计算方法如表 4-2 所示。

用电信息管理软件对逻辑判断层面进行修改，并可嵌入现有用电信息管理系统中运行，无须大量更换采集终端和计量表计，投资较小。在电网无法短期内大量投资安装各类监测设备以提高自动化水平的情况下，本节所述的客户用电信息管理软件有利于整合现有各种系统采集的客户用电数据，深入分析客户用电情况，将可靠性统计范围扩展到低压用户，记录停电时间，提高停电事件的处理效率，并对客户用电可靠性做出全面评估。

表 4-2　用电可靠性指标计算方法

指标	计算方法
平均缺用电量	由用电中断期间的用户典型日负载电量计算得出
用户平均持续停电时间	由系统确认用电中断事件并统计得出
用电可靠率	系统统计出用电中断时间后根据定义计算得出
缺供、缺用电量差	由式（2-12）和供电可靠性中对应指标比较得出
供电、用电中断时间差	由式（2-13）和供电可靠性中对应指标比较得出
供电、用电可靠率差	由式（2-14）和供电可靠性中对应指标比较得出
缺用电损失	事后调查，人工录入

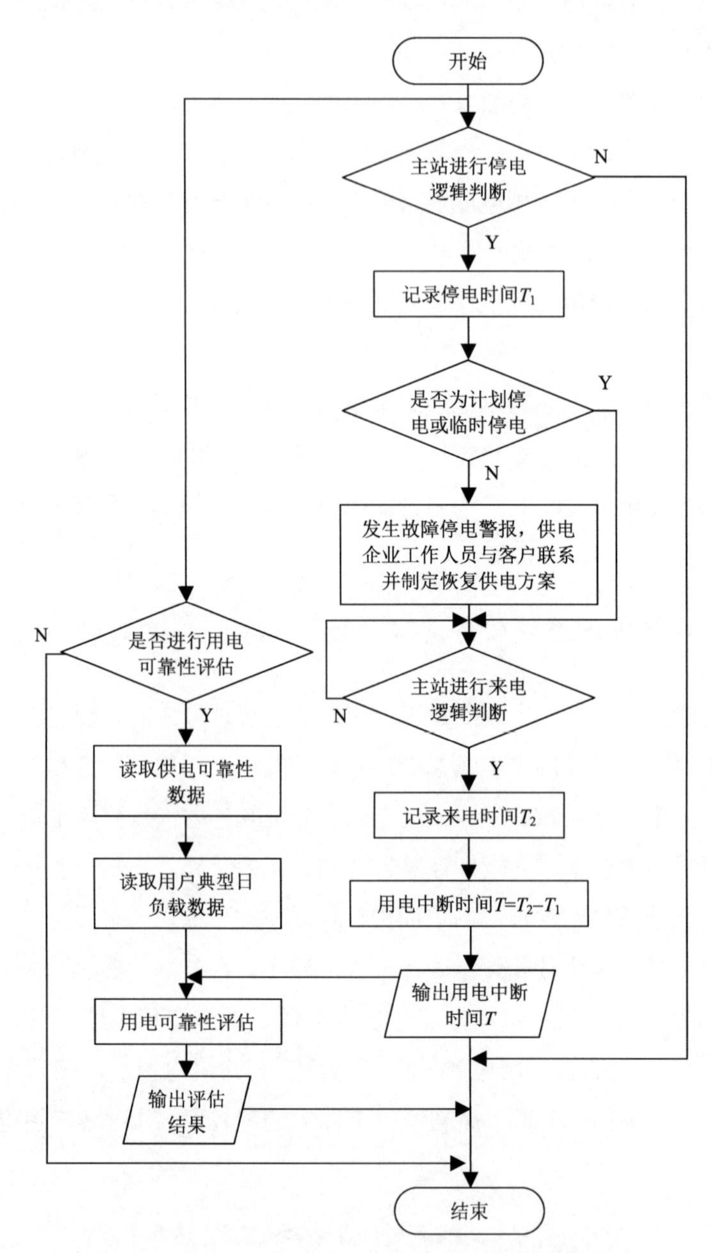

图 4-2　考虑用电可靠性的客户用电信息管理流程图

4.2.3　应用案例

图 4-3 为某公变工业客户在一次停电事件中的运行数据。安装在公变上的电能采集终端和低压集中抄表系统每 15 min 采集一次运行数据，并上传到用电信息管理系统

主站。

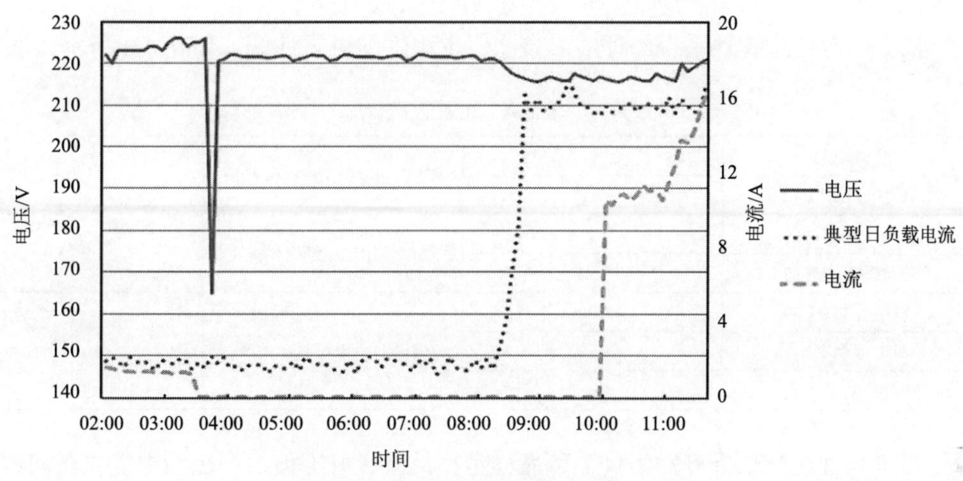

图 4-3　某公变工业用户运行数据

工厂所在的配网在 3:37 时发生一次电压暂降事件，工厂的低压脱扣器动作导致断路器跳闸停电。因为电压暂降持续时间极短，电压迅速恢复正常水平，安装在公变上的电能采集终端由于防电压抖动的设置，未产生停电记录。客户的电能表虽然产生停、来电记录并上传至用电信息管理系统主站，但主站的功能存在局限，仅限于记录数据而并未及时向供电企业工作人员发出警报。直至早晨客户投诉，供电企业才得知客户停电，并安排工作人员进行检查维修。10:51 工厂恢复正常供电，11:00 用电信息管理系统记录到工厂电能表电流数据。整个停电事件持续时间超过 7 h，按正常情况下企业 8:00 开始生产计算，停电事件耽误了企业近 3 h 的正常生产时间，给客户造成了巨大的经济损失，事后损失统计结果如表 4-3 所示。

表 4-3　某客户用电中断损失统计表

用电信息管理方法	停电总时长/h	生产线产值/(万元/h)	缺用电损失/万元
传统方法	7.25	10.46	31.38
考虑 PUR	0.5	10.46	0

这里设计的考虑用电可靠性的用电信息管理软件，嵌入系统运行后能完善系统的功能。根据历史数据回测，在客户 3:37 发生停电事件后，主站根据 3:45 客户电能表电流数据为 0 及电能表停、来电事件记录便可判断停电事件，与后台生产管理信息系统、营销管理信息系统进行信息交互后确认该次事件为故障停电，及时发出警报和抢修工单通知供电企业工作人员，事发后半小时左右便可指导客户自行合闸恢复供电。在客户恢复供电后，可根据客户电能表上传的电流数据判断来电时间，进而完整地记录用电中断时间，

为后续的客户用电信息管理工作提供重要的数据。采用用电可靠性的用电信息管理方法，将客户停电时间缩短了 6.75 h，减少缺用电损失 31.38 万元。

根据用电信息管理系统的评估，该次停电事件的可靠性统计如表 4-4 所示。

表 4-4　可靠性统计

<table>
<tr><td>缺供电量</td><td>0</td><td rowspan="2">缺供、缺用电量差/(kW·h)</td><td rowspan="2">31.48</td></tr>
<tr><td>缺用电量/(kW·h)</td><td>31.48</td></tr>
<tr><td>供电中断时间/h</td><td>0</td><td rowspan="2">供电、用电中断时间差/h</td><td rowspan="2">7.25</td></tr>
<tr><td>平均持续停电时间/h</td><td>7.25</td></tr>
<tr><td>供电可靠率/%</td><td>100</td><td rowspan="3">供电、用电可靠率差/%</td><td rowspan="3">4.3</td></tr>
<tr><td>用电可靠率/%</td><td>95.7</td></tr>
<tr><td>缺用电损失/万元</td><td>31.38</td></tr>
</table>

由可靠性统计结果可知，供电可靠性考核结果良好，但用户因为电能质量问题导致无法正常用电的现象难以得到准确反映。通过用电可靠性评估，电网企业能够更加深入地了解客户用电的真实体验和配电网的薄弱之处。

在电网无法短期内大量投资安装各类监测设备以提高自动化水平的情况下，客户用电信息管理方法有利于整合现有各种系统采集的客户用电数据，深入分析客户用电情况，将可靠性统计范围扩展到低压用户，记录停电时间，提高停电事件的处理效率。但系统在实际运行的过程中将面临更加复杂多变的环境，如设备故障导致数据无法采集等情况，此类问题的解决仍需要进一步研究。

4.3　配电网用电可靠性运行状态综合分析评估方法

供电可靠性指标之间具有较大相关性，一个配电网的多个指标通常具有同等的优劣水平。供电可靠性低可以说明平均停电时间长，很大概率获得较多的平均停电次数。但用电可靠性的考察内容较为丰富，不仅包含停电时间、次数和可靠率等常规的电能持续性指标，更包含了反映电能质量、特殊场景需求的新指标。不同属性的指标之间相关性不高，往往会出现一个评估对象中不同指标优劣差异较大的情况。这时将所有指标数据进行简单罗列或者排序，无法直观体现各个配电网的用电可靠性优劣差别。而且不同地区不同用户关注的用电可靠性指标不尽相同，地区和用户对各用电可靠性指标的权重倾向也是影响用户用电可靠性体验的重要因素。由此可见，配电网的用电可靠性评估需要利用综合评估方法进行评估分析，以获得直观有效的评估结论，便于指导可靠性提升和配电网规划工作。

4.3.1　基于改进熵权法的用电可靠性综合评估

这里设计的配电网用电可靠性综合评估方法步骤为：①对初始数据进行预处理，使各指标值转换为无量纲的极大型归一化指标数据；②利用改进熵权法计算各类指标权重；③根据“优于该指标平均水平的指标值权重清零，其余权重不清零”的原则获得最终的权重矩阵，并加权求和获得综合评价值。

1. 指标归一化处理

采用离差标准化方法对收集的原始数据进行归一化处理。假设对 m 个地区的配电网系统进行评估 $S=\{S_1, S_2, \cdots, S_m\}$，每个系统的评估指标集合为 $X=\{X_1, X_2, \cdots, X_9\}$，则第 i 个地区配网 S_i 的第 j 个评估指标 X_j 的指标值记为 x_{ij}，归一化、无量纲化处理后得到集合 $\{b_{ij}\}$。其中处理公式如下。

若指标 X_j 为指标值越大越好的极大型指标，则

$$b_{ij}=\frac{x_{ij}-\min\left\{x_{ij}\right\}}{\max\left\{x_{ij}\right\}-\min\left\{x_{ij}\right\}} \tag{4-3}$$

若指标 X_j 为指标值越小越好的极小型指标，则

$$b_{ij}=\frac{\max\left\{x_{ij}\right\}-x_{ij}}{\max\left\{x_{ij}\right\}-\min\left\{x_{ij}\right\}} \tag{4-4}$$

本书的评估指标体系中，除用电可靠率和电压合格率外均为极小型指标。所有指标经处理后的 b_{ij} 值越接近 1，说明配网在该评估指标的表现越好。

2. 指标权重确定

由于各项指标值的分布情况及离散程度存在明显差异，需要对各指标赋予不同权重以均衡其对综合评价值的影响。熵权法是一种常用的客观赋权法，该方法利用熵来表达数据信息量，具有突出局部差异的特点。一个指标在各评估对象之间的差异越大，其包含的信息越多，其熵就越小，该指标得到的权重就越大，对评估结果的影响也越大。传统的熵权法在所有熵值都趋近于 1 时，会过度放大差距导致赋权不合理，而本体系中部分指标值差异甚微，在可靠性较高的系统中可能存在指标值均接近 1 的情况，因此这里采用一种改进熵权法，既能克服传统熵权法的缺点，又能保持拉开差距的能力。

假设有 m 个评估对象，共 n 个评估指标表示，b_{ij} 表示第 i 个评估对象的第 j 个指标值。对于指标 X_j，评估对象的特征比重为

$$f_{ij}=\frac{b_{ij}}{\sum_{i=1}^{m}b_{ij}} \tag{4-5}$$

指标 X_j 的熵值为

$$H_j=-\frac{1}{\ln m}\left(\sum_{i=1}^{m}f_{ij}\ln f_{ij}\right) \tag{4-6}$$

式中，若 $f_{ij}=0$，则令 $\ln f_{ij}=0$；$0\leqslant H_j\leqslant 1$，若 $H_j=1$，则表示对于 X_j 的 b_{ij} 都相等。传统熵权法利用熵值计算熵权 ω_{0j} 的公式为

$$\omega_{0j}=\frac{1-H_j}{\sum_{j=1}^{n}(1-H_j)} \tag{4-7}$$

传统的熵权法存在一个问题，当所有熵值都趋近于 1 时，微小的差距都会引起熵权成倍数的变化，导致部分指标被赋予了与其重要性不符合的权重，影响了最终结果的判断。

目前已有多种改进熵权法修正了传统熵权法在 $\{H_i\}$ 统熵的情况下熵权分配不合理的问题，且在其余情况下保留与传统熵权法一致的结果。常见的改进熵权法计算公式为

$$\omega_j=\begin{cases}(1-\overline{H}^{n})\omega_{0j}+\overline{H}^{n}\omega_{3j}, & H_j<1\\ 0, & H_j=1\end{cases} \tag{4-8}$$

式中，$\omega_{3j}=\dfrac{1+\overline{H}-H_j}{\sum\limits_{k=1,H_k\neq 1}^{n}(1+\overline{H}-H_k)}$；$\overline{H}$ 是所有不为 1 的熵值的平均值；指数 n 建议取为 35.35。

3. 用电可靠性综合评价

用电可靠性评估相对严苛，任一个指标不合格都可以反映出该配网的可靠性水平较低，而传统的线性加权求和计算综合评价值的方法不能很好地反映这一特点，因此这里提出一种具有“越值惩罚”特征的加权方法以获得用电可靠性的综合评价值。为了拉开档次，突出不合格指标的影响，对于低于或等于平均水平的指标值采用改进熵

权法的赋权结果，高于平均水平的指标值令其权重为零，即矩阵$\{b_{ij}\}$中各元素对应的权重β_{ij}应该为

$$\beta_{ij}=\begin{cases}\omega_j, & b_{ij}\leqslant \overline{b_j}\\ 0, & b_{ij}>\overline{b_j}\end{cases} \tag{4-9}$$

式中，$\overline{b_j}$代表用所有对象的第j个评估指标的b_{ij}值的平均值。

则评估对象S_i的综合评价值y_i为

$$y_i=\sum_{j=1}^{n}\beta_{ij}\left|b_{ij}-\overline{b_j}\right| \tag{4-10}$$

根据综合评价值计算方法可知：低于平均水平的指标越少，与平均水平的差距越小，综合评价值就越小，也就代表该对象的用电可靠性水平越高。

4.3.2　案例分析

本书对南方电网韶关地区部分 10 kV 配电网及其用户数据进行了收资和调研，从中选取 10 个配电网作为研究对象，分别记作 S_1～S_{10}。表 4-5 中给出了各配电网的基本信息。

表 4-5　各评估对象基本信息

编号	所属的变电站	出线名称	接线模式	线路类型	用户平均停电量/[(kW·h)/户]	供电可靠率/%	平均停电时间/h	平均停电次数/次
S_1	河西站	F24	两联络	电缆	677.70	99.920	6.99	1.58
S_2	河西站	F26	两联络	混合	2046.18	99.832	14.76	5.09
S_3	河西站	F28	三联络	混合	1402.54	99.917	7.24	1.58
S_4	东郊站	F13	单联络	架空	666.59	99.642	31.35	7.81
S_5	东郊站	F21	单联络	架空	367.43	99.523	41.77	13.12
S_6	东郊站	F24	两联络	混合	429.26	99.860	12.24	4.52
S_7	十里亭站	F24	单辐射	架空	2438.35	99.365	55.63	14.53
S_8	十里亭站	F17	单联络	架空	2511.28	99.630	32.45	7.40
S_9	十里亭站	F25	单联络	架空	2168.48	99.735	23.19	6.16
S_{10}	新君站	F22	两联络	电缆	744.15	99.879	10.63	3.81

根据上述方法，对这 10 个配电网进行用电可靠性综合评估。表 4-6 分别给出 10 个评估对象的原始指标数据及指标权重。从表 4-7 的用电可靠性评估结果可看出，各配电网的用电可靠性水平从高到低依次为：S_{10}、S_1、S_2、S_3、S_9、S_4、S_6、S_8、S_5、S_7。

表 4-6　原始指标数据和权重

	用电可靠率/%	用户平均短时停电时间/h	用户平均持续停电时间/h	用户平均停电次数/次	重复停电概率/%	部分设备停运次数/次	电压合格率/%	中低压用户可靠率差/%	中低压用户停电平均次数差/次
S_1	99.914	0.21	7.32	1.77	2.1	0	97.84	0.061	0.190
S_2	99.825	0.30	15.07	5.14	20.7	10	95.78	0.070	0.050
S_3	99.913	0.18	7.43	1.76	5.3	57	96.78	0.042	0.183
S_4	99.621	0.28	32.88	7.89	32.4	2	96.41	0.206	0.081
S_5	99.517	0.25	42.07	13.30	65.0	8	95.93	0.063	0.184
S_6	99.859	0.33	12.01	4.73	4.7	35	94.29	0.011	0.211
S_7	99.358	0.28	55.93	14.65	78.0	16	95.88	0.066	0.119
S_8	99.613	0.25	33.68	7.51	44.0	6	96.32	0.169	0.113
S_9	99.729	0.53	23.18	6.48	35.7	3	96.55	0.060	0.315
S_{10}	99.877	0.09	10.66	3.82	6.8	0	97.24	0.014	0.008
指标权重	0.2666	0.0765	0.0934	0.1101	0.1063	0.0754	0.114	0.064	0.0937

表 4-7　各配电网的用电可靠性评估值

对象	S_1	S_2	S_3	S_4	S_5	S_6	S_7	S_8	S_9	S_{10}
用电可靠性综合评价值	0.0089	0.0220	0.0642	0.1131	0.2568	0.1186	0.3883	0.1206	0.1011	0

由图 4-4 可见，配电网 S_{10} 各项指标均优于平均水平，因此其最终评价值为 0，综合用电可靠性最高。其他配电网均存在低于平均水平的指标，低水平的指标越多，与指标评价值差距越大，配电网用电可靠性的评价值越低。

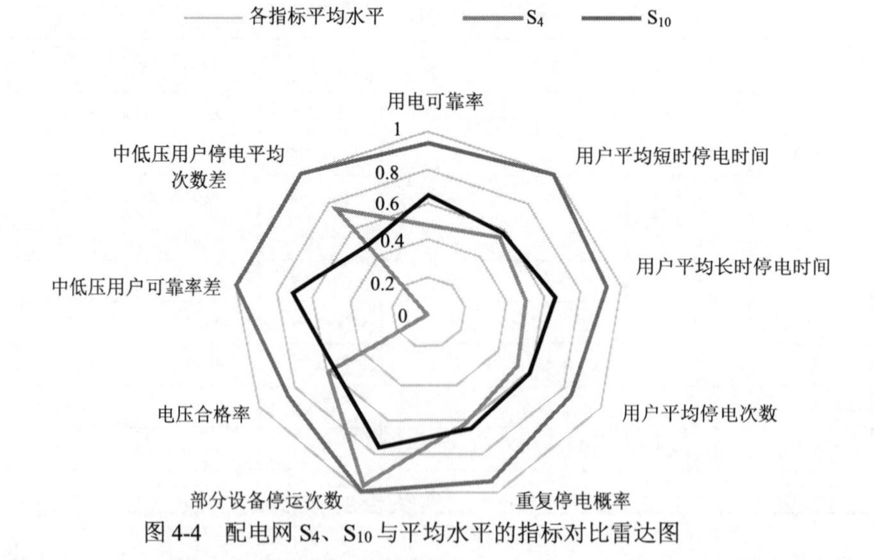

图 4-4　配电网 S_4、S_{10} 与平均水平的指标对比雷达图

在传统供电可靠性评价中仅通过供电可靠率、平均停电时间和平均停电次数三个指标进行评价，10 个配网的供电可靠性水平从高到低依次为 S_1、S_3、S_{10}、S_6、S_2、S_9、S_4、

S_8、S_5、S_7。其中：S_4、S_8、S_5、S_7的综合评估结果较差，其他配网的各指标值均优于平均水平，评估值为0。而从用电可靠性指标体系的角度评价，各配网的用电可靠性水平从高到低依次为：S_{10}、S_1、S_2、S_3、S_9、S_4、S_6、S_8、S_5、S_7，除S_{10}外，其他各配网评价值均不为零，即均存在待改进的低于平均水平的指标。

用电可靠性与供电可靠性的评价结果既有一定继承性，又有明显区别。传统供电可靠性评价认为可靠性水平低的配电网，在用电可靠性评价中必定也表现较差，如配电网S_4、S_8、S_5、S_7。传统评价结果中认为较优的配电网，在用电可靠性评价中却不一定表现较好，例如，配电网S_3、S_6的供电可靠性水平虽然与配电网S_{10}相当，但它们分别存在部分设备停运次数较高、电压合格率过低等电能可用度低的问题，使得S_3、S_6在用户真实的用电可靠性体验不如S_{10}。

由此可见，传统供电可靠性评价中只能大致反映供电侧的供电持续性，而这里建立的用电可靠性评价方法既可以从持续性和可用度两个维度更真实地反映用户侧的用电可靠性和用电体验，又可以体现低压配电网线路的可靠性水平，充分弥补了供电可靠性的不足。通过用电可靠性综合评估结果，电网企业及用户可以直观地了解各配电网的用电可靠性水平和电压配电网可靠性提升空间。

4.4 本章小结

本章介绍了新形势下供用电可靠性评估的新问题和应对方法，主要分为三个方面：可靠性统计向低压配电网拓展方法、配电网用电可靠性运行状态综合分析评估方法、考虑用电可靠性的用电信息管理系统。

参考文献

[1] 张勇军，袁德富. 电力系统可靠性原始参数的优化GM(1,1)预测[J]. 华南理工大学学报（自然科学版），2009，37(11)：50-55.

[2] 任震，吴敏栋，黄雯莹. 电力系统可靠性原始参数的滚动预测和残差修正[J]. 电力自动化设备，2006，26(7)：10-12.

[3] Brown R E，Ochoa J R. Distribution system reliability：Default data and model validation[J]. IEEE Transactions on Power Systems，1998，13(2)：122-128.

[4] 张勇军，袁德富，汪穗峰. 基于模糊差异度的电力系统可靠性原始参数选取[J]. 电力自动化设备，2009，29(2)：43-46.

[5] 张勇军，陈超，许亮. 基于模糊聚类和相似度的电力系统可靠性原始参数预估[J]. 电力系统保护与控制，2011，39(8)：1-5.

第5章　主动配电网的用电可靠性分析

为适应高渗透率、大规模分布式电源的接入，国内外学者正积极开展智能电网背景下的具有一定调节能力的主动配电网（active distribution network，ADN）技术研究。国际大电网会议对于ADN的定义可以简单理解为：ADN是一个内部具有分布式能源，拓扑结构可灵活调整，具有主动控制和运行能力的配电网[1]。具体而言，ADN通过结合先进信息通信、电力电子及智能控制等技术，使得配电网中的分布式电源具有可控性、网络拓扑可灵活调节、具有较为完善的可观性、能够实现协调优化管理的管控等功能[2-4]。

换言之，主动配电网是采用主动管理分布式电源、储能技术和电动汽车等的模式，具有灵活拓扑结构的先进配电网网络。区别于传统配电网，主动配电网具有如下4个主要特征[5]：

1）具有一定比例的分布式可控电源。

2）配电网络拓扑可灵活调整。

3）具有较为完善的可观、可控水平。

4）具有能实现协调优化管理的管控中心。

主动配电网的主要目的在于增大配电网对可再生能源的消纳能力、提升配电网资产的利用率、提高用户的用电质量和用电可靠性，是智能配电网发展的高级阶段，也是智能电网向能源互联网迈进的关键阶段。配电网的3个发展阶段及区别如图5-1所示。

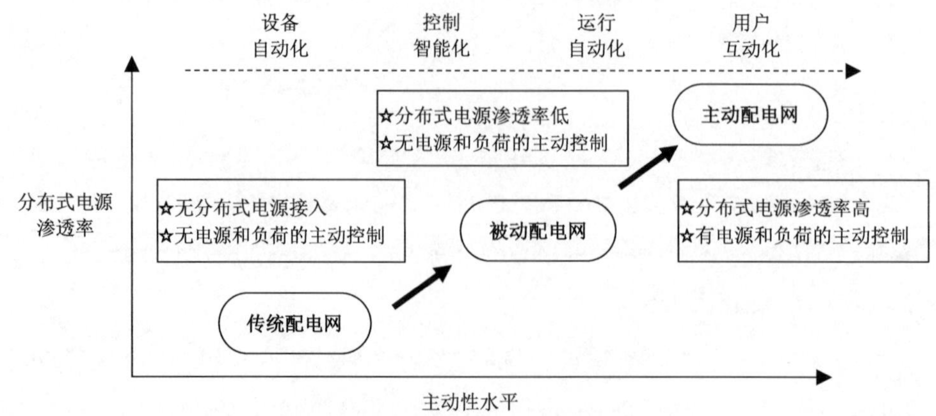

图5-1　配电网的3个发展阶段

主动配电网与传统配电网、被动配电网最主要的区别在于主动配电网中可接纳高渗透率的分布式电源并实现对电源及柔性负荷的主动控制与协调，主动配电网中用电可靠性的分析与评估也与传统配电网有很大区别[6]，本章重点分析主动配电网中的分布式电源、储能技术和电动汽车对供用电可靠性的影响。

5.1　分布式电源应用场景

5.1.1　分布式电源应用概述

分布式电源（distributed generation，DG）是指发电功率在几千瓦至几十兆瓦的小型化、模块化、分散化布置在用户附近为用户供电的小型发电系统，它既可以独立于公共电网直接为少量用户提供电能，也可以接入配电系统与公共电网一同为用户提供电能[7]。按照所利用的能源不同可将 DG 分成两类，如表 5-1 所示。随着全球化石能源的日益枯竭、新能源发电技术的快速发展，以及能源政策和电力市场的进一步开放，未来的配电网势必要满足对分布式可再生能源发电的高度兼容性，而主动配电网是实现对大量接入配电网的 DG 进行主动管理的有效解决方案。

表 5-1　分布式电源的分类

	类别	发电方式
DG	可再生能源发电	光伏发电、风力发电、地热能发电、海洋能发电
	不可再生能源发电	内燃机、微型燃气轮机、冷热电联产、燃料电池

DG 具有诸多优势，主要包括 4 个方面。①经济性：由于 DG 位于用户侧，靠近负荷中心，能够大大减少了输配电网络的建设成本和损耗；同时，DG 规划和建设周期短，投资见效快，投资风险较小。②环保性：DG 可广泛利用清洁可再生能源，减少化石能源的消耗和有害气体的排放。③灵活性：分布式发电系统多采用性能先进的中小型模块化设备，开停机快速，维修管理方便，调节灵活，且各电源相对独立，可满足削峰填谷、对重要用户供电等不同的需求[8]。④安全性：DG 形式多样，能够减少对单一能源的依赖程度，在一定程度上缓解能源危机的扩大；同时，DG 位置分散，不易受意外灾害或突发事件的影响，具有抵御大规模停电的潜力。

上述 DG 的优势是传统的集中式发电所不具备的，这成了其蓬勃发展的动力。但是，在伴随着诸多好处的同时，DG 的发展也给电力系统特别是配电系统的规划、分析、运行、控制等各个环节都带来了全新的挑战。随着 DG 的广泛接入，部分 DG 与电网调度中心信息交互存在不足，实时获取 DG 电压、电流、有功和无功等信息存在困难，特别是在故障情况下，大量信息缺失将不利于电网调度员的正确决策，调度指令无法及时到达。加上一次能源的强随机性造成分布式电源功率输出呈间歇性和波动性，故障恢复决策需要考虑因素更多，困难陡增。《中华人民共和国可再生能源法》和当前节能减排政策要求 DG 按照最大发电功率发电，电网故障恢复时应充分考虑 DG 出力并及时消纳的要求，否则容易造成 DG 无序发电，增大电网调度压力和电力行业乃至全社会经济损失。

下面简要介绍风电装置、光伏发电装置和微型燃气轮机装置的常用模型。

风力发电装置受风速的影响很大，大量的气象资料表明，冬季的风速较大，夏季的风速较小，因此在冬季的风力发电机出力较大，夏季的出力较小。在规划中的风力发电出力概率模型主要采用韦布尔分布。该分布的概率密度函数为

$$f_v(v) = \frac{k}{c}\left(\frac{v}{c}\right)^{k-1} \exp\left[-\left(\frac{v}{c}\right)^k\right] \tag{5-1}$$

式中，k 为形状参数；c 为尺度参数。

风力发电机的输出功率取决于在现场的风速和动力性能曲线的参数。因此当给定一个特定时间段内的概率分布函数之后，可以得到不同状态下的输出功率计算如下：

$$P_V(v_{aw}) = \begin{cases} 0, & 0 \leqslant v_a \leqslant v_{ci} \\ P_{rated} \times \dfrac{v_a - v_{ci}}{v_r - v_{ci}}, & v_{ci} \leqslant v_a \leqslant v_r \\ P_{rated}, & v_r \leqslant v_a \leqslant v_{co} \\ 0, & v_{co} \leqslant v_a \end{cases} \tag{5-2}$$

式中，v_{ci}、v_r 和 v_{co} 分别为风机的切入风速、额定风速和切出风速；P_V 为风机的输出功率；v_{aw} 为风电场所在地区的平均风速。

光伏发电装置出力状态则与光照强度直接相关，不同季节的风电出力状态也有很大的不同。大量的气象资料表明，与风力发电相反，光伏发电装置在冬季的出力较小，在夏季的出力较大。特别是在夏季晴朗的中午及午后，由于此时的光照强度较强，光伏发电装置通常可以维持最大出力状态达几个小时之久。

光伏发电装置的主要原理是光生的伏打效应，每一个光伏电池中都具有一个类似于二极管 PN 结的结构，当光线照射到电池上时，就会有电压产生，在实际应用中的光伏阵列往往是由大量的光伏电池进行串并联之后组成的。

根据光伏电池的电压-电流特性而得出的光伏电池模型如图 5-2 所示。

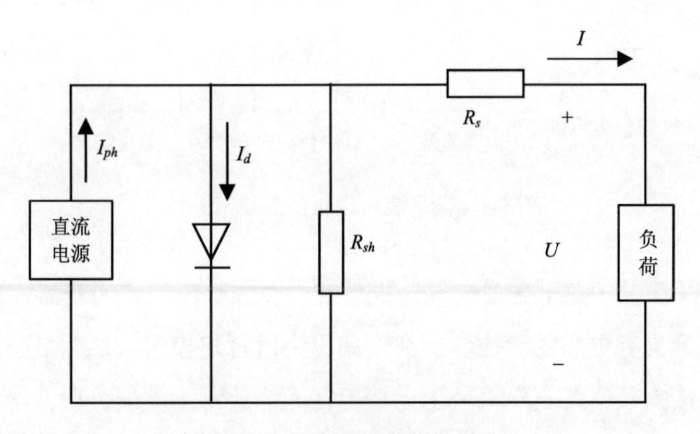

图 5-2　光伏电池物理模型

对应上述光伏电池电路的电压-电流特性为

$$I = I_{ph} - I_d[\mathrm{e}^{\frac{q(U+IR_s)}{AkT}} - 1] - \frac{U+IR_s}{R_{sh}} \tag{5-3}$$

式中，R_s 和 R_{sh} 分别为等效的串联阻抗和并联阻抗；T 为电池的温度；q 为电子的电量；A 为无量纲的任意曲线的拟合常数，A 的范围为 1～2，当光伏电池输出高电压时 $A=1$，当光伏电池输出低电压时 $A=2$；k 表示玻尔兹曼常数；I_{ph} 和 I_d 分别为光生电流和流过二极管的反向饱和漏电流，它们都为随环境变化的量，根据具体的光照强度和温度来确定，其计算公式表示为

$$I_{ph} = I_{sco}[1 + h_t(T - T_{ref})]S / S_{ref} \tag{5-4}$$

$$I_d = b_l T^3 \exp(-a_1 / T) \tag{5-5}$$

式中，I_{sco} 表示标准日照和标准温度时的短路电流，温度系数为 $h_t = 6.4\times10^{-4}\mathrm{K}^{-1}$；$T$ 为光伏电池的温度；T_{ref} 为标准电池温度；常数 $a_1=1.226\times10^4$；常数 $b_l\approx235$；S 表示光照强度；S_{ref} 表示标准光照强度。

与风力发电和光伏发电装置不同，微型燃气轮机的出力情况几乎不受天气的影响，这是一种技术上最为成熟，商业应用前景最为广阔的分布式发电技术。与风光电分布式电源相比，微型燃气轮机的出力完全人为可控，出力情况较为稳定，而与常规的发电机组相比，微型燃气轮机的寿命长，可靠性高，燃料适应性好，环境污染小，便于灵活控制。可以说这是一种分布式发电的最佳方式。

微型燃气轮机的系统示意图如图 5-3 所示。

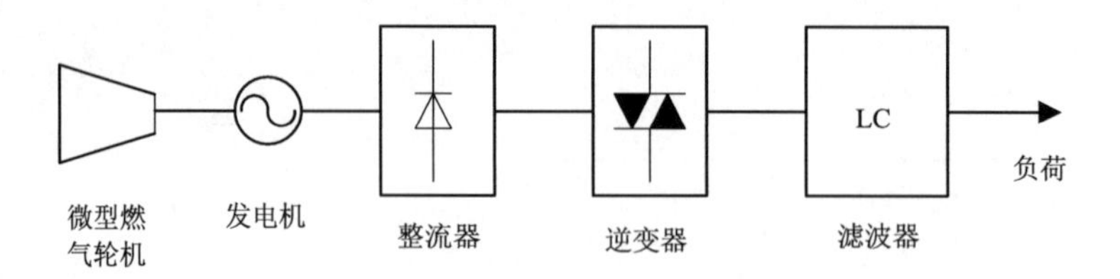

图 5-3　微型燃气轮机的系统示意图

从图 5-3 可以看出，由于微型燃气轮机系统中存在整流器和逆变器，使得微型燃气轮机的输出电能质量具有更高的可控性，在对其出力进行建模时，通常具有更高的灵活性。为了简化，可以认为微型燃气轮机的出力情况在人为控制下表现分段常函数的形式，即

$$P_{GT}(t)=\begin{cases}P_1, & t\in T_1\\ P_2, & t\in T_2\\ \cdots & \cdots\end{cases} \tag{5-6}$$

式中，P_{GT} 表示微型燃气轮机的出力模型函数；P_1 和 P_2 表示不同的发电机出力大小；T_1 和 T_2 表示不同的时间集合。

5.1.2　DG对用电可靠性的影响分析

对于用电可靠性的影响而言，DG 也有利有弊。DG 对用电可靠性的提升作用主要体现在：①正常情况下，合理配置的 DG 有助于缓解网络的过载情况和网络阻塞，增大供电能力，降低设备运行压力和故障率；②配电网故障的情况下，DG 作为后备电源采用孤岛运行方式就近向周围负荷供电，满足了本来须停电用户的用电需求，减少用户停电时间，对提高用户用电可靠性起到了积极的作用；③近年来电压暂降问题日益突出，已成为影响设备正常运行的主要电能质量问题。电压暂降本身不会影响电网的供电可靠性，但由于目前具有低压脱扣功能的低压断路器在配电网中广泛使用，其中配置的低压脱扣器对电压暂降十分敏感，当发生电压暂降时，低压脱扣器可在 10 ms 左右动作。由于低压脱扣器不具备自动合闸功能，需等相关人员确定脱扣原因后再手动合闸，所以电压暂降往往会导致装设有低压脱扣功能断路器的用户发生停电事故。目前多个国家的 DG 并网标准要求 DG 具有低电压穿越能力，即当接入点发生电压暂降时，在一定的暂降范围内，DG 能够保持不间断并网运行，甚至发出更多的无功功率以支持系统电压恢复。因此，具备良好低电压穿越能力的 DG 能够避免低压脱扣器因电压暂降误动作而导致用户停电，从而提升用电可靠性水平。

另外，DG 也可能对用电可靠性造成负面影响：

1）以风力发电和光伏发电为代表的可再生能源发电系统，由于其一次能源受地理条件和气候变化等因素的制约，其输出功率呈现强波动性和间歇性，且孤岛内负荷功率也随时间变化，此时并不能保证孤岛内负荷点时刻都能从 DG 获得稳定的功率支持。

2）并网运行的 DG 设备自身的可靠性、不适当安装地点、容量、连接方式、保护配置、协调控制策略都可能恶化系统供用电可靠性，甚至导致系统崩溃。

3）大部分 DG 都是通过电力电子装置转换成标准的工频交流电供给负荷使用或并入交流电网，电力电子装置采用 PWM 控制方式工作，不可避免地会产生谐波进入电网，会对用户部分敏感设备的正常运行造成负面影响。

4）由于间歇性分散式风电接入配电网，导致线路中传输功率的大小和方向频繁发生变化，造成电网电压和潮流的显著波动。这对电网的自动电压控制系统 AVC 带来了新的挑战[9]。

5）随着风电、光伏发电等新能源较大规模接入配电网中，很大程度上会对系统的供电可靠性造成影响。相关研究表明：随着间歇性能源并网容量的增大，系统的可靠性参数依次增大，系统的可靠性下降。这是由于风电、光伏发电等可再生能源出力随着环境、气候的变化而变化。以光伏发电为例，光伏的出力随光照度、温度的变化而变化，虽然光伏可以减少一部分的常规机组容量，但是光伏大多数时间都不能满容量出力，出力随太阳辐射变化而随机波动，而太阳辐射度也是一个概率性的问题[10]，在备用容量一定的情况下，系统的可靠性会降低。

综上所述，主动配电网中 DG 对用电可靠性既可能有提升作用也可能会造成负面影响，这取决于 DG 的容量、在配电网中的位置、网架结构、低电压穿越能力及地理条件和天气变化等多方面的因素，在用电可靠性的评估过程中需考虑各种因素进行综合评价和分析。

5.1.3　含DG的配电网可靠性评估

分布式发电所利用的一次能源种类较多，各种分布式电源输出功率特性不尽相同，其输出功率一般较小，同时具有间歇性和波动性。建模问题是对含分布式电源的配电系统进行可靠性评估首先要解决的问题。实现含分布式电源的配电网可靠性评估，其关键是对分布式电源输出功率的随机性进行较准确的建模。根据分布式电源模型可大致分为三种：传统变电站、传统发电机和随机电源。

将分布式电源视为传统变电站，该模式下分布式电源输出功率不受限制。正常运行时分布式电源作为普通变电站使用，在孤岛运行模式下也不用考虑分布式电源输出与负荷的匹配度。系统故障时通过断开断路器操作即可恢复孤岛所有负荷点供电，其作用与通过联络开关切换至相邻馈线相当[10]。但这种模式不考虑分布式电源本身的特性，过于理想化，因此实用性不大。

将分布式电源视为传统发电机，分布式电源发电机组采用柴油发电机组、燃气发电机组时，其额定功率有限，输出功率恒定。在孤岛运行方式下对可靠性进行评估时，需考虑电能的供需平衡，确保供电可靠性和电能质量。在蒙特卡罗模拟时只需考虑负荷功率的时变性。

将分布式电源视为随机电源，这种等效模式下分布式发电系统功率输出具有波动性，如风电场的平均风速一般小于额定风速，风力发电机组功率输出不能时刻维持在额定功率，在无风或风速超过切除风速时，风机处于停机状态。这种模型更符合真实情况。使用解析法分析可靠性时通常将风机模型分为满额运行、降额运行和停机三种状态。使用模拟法分析时，分布式电源功率输出和负荷功率都处于时变状态，这会使可靠性建模和分析变得复杂。风能和光伏发电等分布式电源属于这种模型。

在现有研究中，根据对分布式电源输出功率建模方法的不同，可分为解析法和模拟法。解析法通常需要对所研究的对象进行简化，例如，文献[10]和[11]对光伏发电和风机发电的输出功率分段，统计每段功率出现的小时数并计算其出现概率，再通过离散卷积得出含多种分布式电源的混合发电系统输出功率模型，简化后的模型较实际情况有一定误差；文献[12]据历史风速数据，采用 GM(1,1)模型进行时间尺度为小时的风速预测，其预测出的实际风速分布较传统风速的韦布尔分布更为准确，然后通过离散卷积得到风/柴混合发电系统的输出功率模型。而模拟法则是基于网络和模型的化简对含分布式电源的配电网可靠性进行分析[8,10]，这种方法虽然实现简单，但为达到给定计算精度需要较高计算成本。

5.2 储能技术应用场景

5.2.1 储能技术应用概述

储能技术的应用是在传统电力系统生产模式的基础上增加一个存储电能的环节，使原来几乎完全“刚性”的系统变得“柔性”起来，从而大幅度地提高电网运行的可靠性、安全性、经济性、灵活性。因此有人将储能技术誉为电力生产过程中的“第六环节”，其应用前景非常广阔。储能技术尤其是大规模储能技术具备的诸多特性可以在发电、输电、配电、用电四大环节得到广泛应用，它是构建和实现主动配电网不可或缺的关键技术之一。

储能技术把发电与用电从时间和空间上分隔开来，发出的电力不再需要即时传输，用电和发电也不再需要实时平衡，这将促进电网的结构形态、规划设计、调度管理、运行控制及使用方式等发生根本性变革。储能技术的应用将贯穿于电力系统发电、输电、配电、用电的各个环节，可以缓解高峰负荷供电需求，提高现有电网设备的利用率和电网的运行效率；可以有效应对电网故障的发生，可以提高电能质量和用电效率，满足经济社会发展对优质、安全、可靠供电和高效用电的要求；储能系统的规模化应用还将有效延缓和减少电源和电网建设，提高电网的整体资产利用率，彻底改变现有电力系统的建设模式，促进其从外延扩张型向内涵增效型的转变[13]。

电能可以转换为化学能、势能、动能、电磁能等形态存储，按照其具体方式可分为物理、电磁、电化学和相变储能四大类型。其中物理储能包括抽水蓄能、飞轮储能和压缩空气储能；电磁储能包括超导磁储能和超级电容器；电化学储能包括铅酸、镍氢、镍镉、锂离子、钠硫和液流等电池储能；相变储能包括冰蓄冷等。

1. 抽水蓄能

抽水蓄能电站在用电低谷通过水泵将水从低位水库送到高位水库，从而将电能转化为水的势能存储起来。在用电高峰，水从高位水库排放至低位水库驱动水轮机发电。抽水蓄能电站具有技术成熟、循环效率高、容量大、储能周期不受限制等优点，是目前广泛使用的电力储能系统。

抽水蓄能主要应用于主网，用于能量管理、频率控制和系统备用、黑启动等，通常与火电站和核电站配合，尤其是与核电站配合，提高电站运行效率和安全性。

抽水蓄能的优点在于抽水蓄能技术相对成熟，设备寿命可达 30～40 年，功率和储能容量规模可以非常大，仅受水库库容的限制，通常为 100～2000 MW。抽水蓄能的缺点在于受地理条件的限制明显，必须具有合适建造上下水库的地理条件，同时其一期投资成本很高、建设周期很长，这一定程度限制了抽水蓄能的发展。

2. 飞轮储能

飞轮储能又称飞轮电池，是一种机-电能量转换与储存装置，其工作原理为：电力电子变换装置从外部输入电能驱动电动机旋转，电动机带动飞轮旋转，飞轮储存动能（机械能），当外部负载需要能量时，用飞轮带动发电机旋转，将动能转化为电能，再通过电力电子变换装置变成负载所需要的各种频率、电压等级的电能，以满足不同的需求。

飞轮储能应用场合：主要在配电网应用，适用于介于短时储能应用和长时间储能应用之间的场合，如电能质量控制、不间断电源、电压稳定和短时调峰等方面，此外，在太空领域、交通运输等方面也有应用。

飞轮储能具有能量转换效率高、使用寿命长、无过充、过放问题、对环境友好等优点，其缺点主要是造价昂贵，设计理论还未成熟，储能能量密度低、自放电率较高。

3. 压缩空气储能

压缩空气储能电站是一种调峰用燃气轮机发电厂，主要利用电网负荷低谷时的剩余电力压缩空气，并将其储藏在典型压力 7.5 MPa 的高压密封设施内，在用电高峰释放出来驱动燃气轮机发电。在燃气轮机发电过程中，燃料的 2/3 用于空气压缩，其燃料消耗可以减少 1/3，所消耗的燃气要比常规燃气轮机少 40%，同时可以降低投资费用、减少排放。2015 年 9 月 8 日，中国科学院卢强院士出席了中国能源峰会，并介绍了新型压缩空气储能的应用潜力。

压缩空气储能应用场合：压缩空气储能与抽水蓄能类似，主要应用于主网，用于峰谷电能回收调节、平衡负荷、频率控制、系统备用和黑启动等。

压缩空气储能的优点是储能建设投资和发电成本均低于抽水蓄能电站。其缺点主要在于其能量密度低，存在对特殊地理条件和化石燃料的依赖问题。

新型压缩空气储能可以实现“冷-热-电”三联产。压缩空气从 1 个大气压压缩到 100 个大气压，温度会上升到 1800℃，必须用冷却水进行逐级冷却。进来的是常温水，出来的是高温水，可用于区域供暖。同时，100℃的空气进了涡轮机，出去的温度是 3℃，正好是冰箱的温度，可用于区域供冷，或在附近建设蔬菜水果保鲜库。这样的“冷-热-电”三联产系统，可以使得能量得到高效的利用。

新型压缩空气储能不存在燃烧过程，故而没有二氧化碳排放的问题，且压缩空气储能的气压相对较低（国内压缩可燃气体达到 200 多个大气压），安全系数高。即使发生爆炸，也不存在燃烧过程。

对压缩空气储能的储能密度进行改进，将进气温度提高到 400℃，压力为 100 个大气压，储能密度可达到每立方米 75 kW·h。改进后的压缩空气储能能够有效提高能量密度，根据需求能够实现储气容量的灵活配置。

目前国内尚未有商业应用的压缩空气储能项目，随着技术的不断成熟，未来压缩空气储能将具有良好的应用前景。

4. 超导磁储能系统

超导磁储能系统是利用超导线圈通过变流器将电网能量以电磁能的形式存储起来，需要时再通过变流器将存储的能量转换并馈送给电网或其他电力装置的储能系统。

超导磁储能系统应用场合：解决电网瞬间断电对用电设备的影响，而且可用于降低和消除电网的低频功率振荡，改善电网的电压和频率特性，进行功率因数的调节，实现输配电系统的动态管理和电能质量管理，提高电网稳定性和应对紧急事故的能力。

超导磁储能系统优点：超导磁储能系统具有响应速度快、转换效率高（不小于 95%）、功率密度高等优点。超导磁储能目前存在的主要问题有：一是目前超导材料成本仍然很高；二是用于产生超导态低温条件的冷却装置等关键设备还没有完全实现国产化；三是还存在超导磁体的失超保护等关键技术问题，尚需深入研究和解决。

5. 超级电容器

超级电容器根据电化学双电层理论研制而成，可提供强大的脉冲功率，充电时处于理想极化状态的电极表面，电荷将吸引周围电解质溶液中的异性离子，使其附于电极表面，形成双电荷层，构成双电层电容。

超级电容器应用场合：在电力系统中多用于短时间、大功率的负载平滑和电能质量高峰值功率场合，通常与电池储能组成混合储能系统，实现优势互补，应用于智能电网和微电网控制等领域。超级电容器也应用于电车能源和节能设备等。

超级电容器优点：超级电容器的优点主要包括充放电寿命长、充电时间短、功率密度高、对环境温度要求低、可靠性高。缺点在于：如果使用不当会造成电解质泄露等现象；相比铝电解电容器，内阻较大，因而不可以用于交流电路。

6. 电池储能

电池储能主要是通过电池正负极的氧化还原反应来进行充放电。电池储能系统（BESS）由电池、直-交逆变器、控制装置和辅助设备（安全、环境保护设备）等组成。

电池储能应用场合：用于主网和配网，主要用于电能质量控制、系统备用电源、黑启动、不间断电源、备用电源、平滑负荷及平衡分布式、可再生能源出力等。

铅酸电池具有价格低廉、可靠性高等优点，缺点主要是循环寿命短、不可深度放电，运行维护费用高及失效后的回收难题；钠硫电池具有能量密度高，充放电效率高的优点，缺点是其运行温度高达 300～350℃，运行条件要求苛刻，存在安全隐患；液流电池具有组装容量大、利用率高、充放电特性好、安全性好等优点，其主要缺点为能量密度低，占地面积大，结构相对复杂；锂电池具有比能量和能量密度高、放电功率高、产业基础好等优点，缺点主要在于耐过充/放电性能差，组合电路复杂，充电状态难以精确测量。总体来说，锂电池工程应用经验相对丰富，安全性和经济性相比其他形式电池占优，是配电网电池储能应用的首选类型。

7. 冰蓄冷

冰蓄冷系统在夜间电力低谷时段制冰蓄冷，在日间电力高峰时段融冰供冷，转移制冷机组的运行时间，有效利用夜间廉价电力，达到移峰填谷的目的。

冰蓄冷应用场合：应用于用户侧，主要应用于区域集中供冷、中央空调等。

冰蓄冷的优缺点：冰蓄冷的优点包括技术成熟，安全性高、出力稳定，能效比高，可以有效提高能源的利用效率；缺点主要在于能量转换效率一般，增加了蓄冷设备的占地，控制相对复杂。

5.2.2 储能对用电可靠性的影响分析

随着现代电力系统的不断发展，用户对用电可靠性和电能质量提出了更高的要求，可再生能源的大规模接入、主动配电网、绿色电网、坚强电网将是今后电网发展的趋势。储能技术的应用与推广恰恰是解决这一系列电网发展变化所面临的问题的有效途径。储能技术对用电可靠性的直接和间接影响主要体现在以下 5 个方面：

1）储能技术能够有效解决风电和光伏发电的出力波动性和间歇性，解决弃风、弃水问题[14]，提升清洁能源的利用率，有利于提高电网对可再生能源发电并网的接纳能力，使得间歇性能源获得可调度的能力[15,16]。通过 4.2 节的分析可知，提高 DG 并网接入容量并减少间歇性能源发电的功率波动能够改善电能质量并有效提高用户的用电可靠性水平。

2）随着社会的发展和用电量的持续增长，加上智能用电等新技术的应用，电力负荷总量越来越大，同时负荷构成及其特性都呈现出多样化和复杂化的趋势。在电网运行过程中，常常会出现短时的峰值负荷，这一类负荷虽然出现时间不长，但其峰值很有可能超过变电站最大承受容量，对供用电可靠性造成巨大影响。采用先进高效的大规模储能技术，能够有效解决发电与负荷的同步协调问题，减轻瞬时性峰值负荷对电网运行压力及可靠性的影响，提升用户用电可靠性，同时可以延缓传统电网的升级改造，提高设备资产的综合利用率。

3）随着负荷持续增长，负荷峰谷差越来越大，负荷率变低。通常在一定网架结构和运行方式下，负荷水平是影响电力系统可靠性最主要的因素[17]。根据储能运行特点，建立经济高效的大容量储能系统，可在用电低谷时作为负荷存储电能，在用电高峰时作为电源释放电能，实现发电和用电间解耦及负荷调节，在一定程度上减弱峰谷差，支撑高峰负荷需求，进而提升系统的供用电可靠水平。

4）储能系统可作为一个可灵活调控的有功源，有效地支持电网的系统电压和频率，消除由于电网互联和负荷突变而形成的区域振荡，并能在扰动消除后缩短暂态过渡过程，提高电网暂态稳定性和供用电可靠性。当电力系统发生突发事故或电网崩溃时，储能系统也可作为备用电源或不间断电源，为医院、消防、通信、银行等重要负荷充当不间断电源提供动力，可为电网恢复争取时间，避免损失扩大[18]。

5）响应快速的储能系统可有效地控制电网的有功无功实时动态平衡，从而维持电网的频率和电压稳定。尤其对配电网的电压暂降等短时稳定性问题，储能系统可作为一个稳定的有功无功电源，补偿有功无功，快速恢复配电网的电压。此外，储能系统还能参与电力系统的调频，实现电网电压和频率的稳定。

然而，目前储能的技术还未能完全满足电网运行的需要，而且成本相对昂贵。在现有的储能技术中，抽水蓄能电站投资庞大、建设周期长且受地形限制，当电站距离用电区域较远时输电损耗较大。压缩空气储能早在 1978 年就实现了应用，但受到地形、地质条件的制约，不容易大规模推广。飞轮储能的优点是寿命长、无污染、维护量小，但能量密度较低。电池储能是目前最成熟、最可靠的储能技术，但是铅酸电池中铅是重金属污染源，锂离子、钠硫、镍氢电池等先进蓄电池却成本较高，大容量储能技术还不成熟，其经济性较难实现商业化运营。冰蓄冷仅能用于中央空调系统，难以解决诸如分布式电源等带来的问题。总之，储能技术对于提高主动配电网的供用电可靠性具有重要意义，但其运行控制技术有待进一步成熟、生产制造成本有待降低。

储能系统具有响应快速、运行灵活的特点，接入配电网可以有效提高系统的可靠性，当系统正常运行时，储能可以提高系统备用容量，当系统发生故障跳闸时，储能又可以作为不间断电源持续为重要用户供电，在提高可靠性的同时也为供电的恢复争取了时间。

电网可靠性成本可定义为供电部门为使电网达到一定供电可靠性水平而需增加的投资成本，也包括运行成本可靠性效益，可定义为因电网达到一定供电可靠性水平而使用户获得的效益。由于供电可靠性的经济效益难以直接衡量计算，所以可用失负荷价值来评估可靠性的效益，亦即由于电力供给不足或中断引起用户缺电、停电而造成的经济损失来表示。储能装置应用在配电网中，相应地也就节省了电网为达到相同的供电可靠性而需做出的投资。

当系统发生停电时，所带来的损失主要有两方面，即停电期间缺供电量造成的经营收益（由缺电损失评价率来衡量）和供电中断造成的产品报废（跟地区产业结构等有关）。配电网装设储能作为不间断电源可以在毫秒级的时间内实现市电到不间断电源的切换，对重要用户供电，减少停电损失。减少停电损失包括：防止因供电中断造成产品报废且

在停电期间可继续供电，减少缺电损失。则储能作为不间断电源而减少的缺电损失的效益为

$$E_4 = \lambda_s R_{\text{IEA}} E_{\text{ENS}}[1 - p(W_i < E_{\text{ENS}})]A_b + \lambda_s A_b E_\lambda \tag{5-7}$$

其中，

$$E_{\text{ENS}}=T_s(1 - A_s)P_0 \tag{5-8}$$

$$p(W_i < E_{\text{ENS}}) = \frac{W_i\text{小于}E_{\text{ENS}}\text{的小时数}}{24} \tag{5-9}$$

式中，R_{IEA} 表示用户缺电损失评价率；E_{ENS} 表示电网每次停电造成的用户电量不足期望值；T_s 表示用户每年的生产小时数；A_s 表示配电网的供电可靠性；P_0 表示用户保证正常生产所需的最小供电功率；W_i 表示第 i 小时储能装置中剩余的电量；λ_s 表示未投入储能装置时用户母线侧电源的停电率；λ_b 表示储能装置的故障率；r_s 和 r_b 表示配电网的修复时间和储能装置的修复时间；E_λ 表示每次供电中断给用户造成的经济损失的期望值。

$p(W_i < E_{\text{ENS}})$ 为储能装置投入后，停电事故发生在剩余电量小于 E_{ENS} 的时刻的概率（即认为此时储能无法提供足够的电量支持继续生产），W_i 与储能装置的运行策略有关，其运行策略是根据峰/谷/平时段而定的，所以 $p(W_i < E_{\text{ENS}})$ 的计算与峰/谷/平时段的划分有关，根据用户各时段的分时电价，为方便建立 W_i 的表达式，以谷时段的 22 时起至次日 21 时为一轮的充放电，i 分别取 1, 2, 3, …, 24，则

$$W_i = \sum_{j=1}^{i}(P_i^- - P_i^+) \tag{5-10}$$

式中，P_i^-、P_i^+ 分别为第 i 小时段储能装置的放电功率和充电功率（负荷低谷时净充电，负荷高峰时净放电）。

5.2.3　计及DG和储能的可靠性评估

本章前面分析了 DG 及储能技术对电网供用电可靠性的影响，下面采用 IEEE RBTS-Bus6 测试系统[19]的 F4 主馈线作为原始配电网络，通过算例仿真对含 DG 及储能的配电网进行可靠性评估与分析。RBTS 可靠性测试系统是由加拿大的 Roy Billinton 于 1989 年提出，而后于 1996 年对系统进行了相关拓展，形成了 RBTS96，被 IEEE 推荐并成为教学科研界公认的测试系统之一。

算例所用的网架结构如图 5-4 所示，智能开关处为大型企业用户与配电网的公共连接点，大用户内部接有风电机组、储能装置及微型燃气轮机组。DG 及储能的参数见表 5-2，其余元件的故障率、修复时间等参数见文献[19]，线路及负荷参数见文献[20]。

表 5-2　分布式电源及储能参数

元件	最大功率/MW	故障率/(次/a)	修复时间/h
风电机组	2.5	0.25	20
微型燃气轮机	1.5	0.25	8
储能系统	0.4	0.25	10

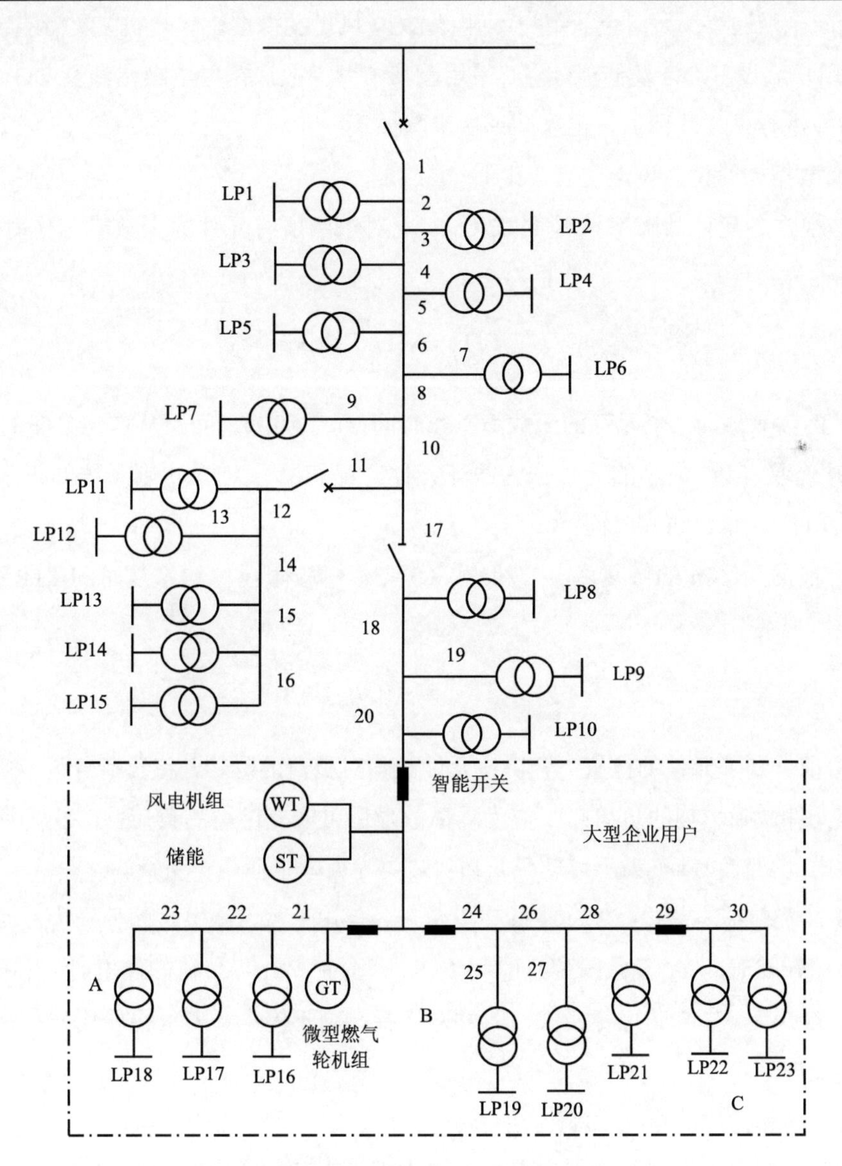

图 5-4　改进的 RBTS-Bus6 F4 馈线系统

风电机组的切入、额定及切除风速分别为9 km/h、38 km/h和80 km/h，设风速服从双参数韦布尔分布，其形状参数为2，尺度参数为8.03，平均风速为14.6 km/h，风速标准差为9.75。储能系统的容量为1 MW·h，最大出力为0.4 MW。

微型燃气轮机组采用如式（5-11）所示的出力模型。

$$P_{GT}(t)=\begin{cases}0, & t=0\sim15,21\sim24\\0.6, & t=16\sim20\end{cases} \tag{5-11}$$

为分析DG及储能对可靠性的影响，这里设置如下两种方案进行仿真计算：方案1为原始配电网网络，大型企业用户不装设DG（风机及微型燃气轮机）及储能装置；方案2为大用户装设有DG及储能装置。采用蒙特卡罗模拟法模拟电网元件及DG、储能的工作状态并进行可靠性评估，可靠性评估步骤如下：

1）数据初始化，设定仿真年限；

2）根据各元件故障率θ_j按照式（5-12）对电网所有元件的无故障工作时间TTF进行随机抽样：

$$\mathrm{TTF}_j=-(1/\theta_j)\ln u \tag{5-12}$$

式中，TTF_j代表第j个元件的无故障工作时间；u为(0,1)之间服从均匀分布的随机数。

3）选取TTF最小的元件作为故障元件，记其编号为m，则系统的正常工作时间$\mathrm{TTF}_s=\mathrm{TTF}_m$，累计仿真时间。

4）根据元件m的修复率μ_m按照式（5-13）对故障元件的修复时间TTR_m进行随机抽样：

$$\mathrm{TTR}_m=-(1/\mu_m)\ln u \tag{5-13}$$

5）根据故障元件的位置，分析该元件故障对负荷的影响，将负荷分为五类：A类为不受该元件故障影响的负荷；B类为隔离故障后可恢复供电的负荷；C类为通过转供可恢复供电的负荷；D类为不可转供负荷；E类为大型企业用户负荷。

6）A类负荷不停电；B、C、D三类负荷各停电一次，停电时间分别为故障隔离时间T_{gl}、负荷转供时间T_{zg}及故障修复时间TTR_m，分别累计各负荷的停电时间和停电次数；对于E类负荷，先判断运行模式，若并网运行，则不停电；若大企业用户孤岛运行，则作如下处理：

①数据初始化，令$t=\mathrm{TTF}_s$；

②获取时刻t大型企业用户内各节点的负荷功率P_{Li}和DG出力P_{Gi}及储能的剩余容量Q_{re}，若$\sum P_{Gi}>\sum P_{Li}+P_{\mathrm{loss}}$（$P_{\mathrm{loss}}$为网损），则转至步骤6，若否，则进行下一步；

③若 $\sum P_{Gi} + P_S > \sum P_{Li} + P_{\text{loss}}$（$P_S$ 为储能最大出力），则进行下一步；若否，则转至步骤 5；

④计算储能可利用时间 $T_S = (Q_{re} - Q_{\min}) / (\sum P_{Li} + P_{\text{loss}} - \sum P_{Gi})$（$Q_{\min}$ 为储能最小容量限制），若 T_S＜TTR_m，则 E 类负荷停电一次，停电时间为 $\text{TTR}_m - T_S$；

⑤根据负荷分区重要程度（A 区＞B 区＞C 区）及电气位置进行切负荷，累计所切负荷的停电次数和停电时间；

⑥结束本部分操作。

7）判断当前仿真时间是否达到设定的仿真年限，若否，返回步骤 2)，若是，执行下一步。

8）根据各负荷点的停电次数及停电时间，计算负荷点的可靠性指标，并计算系统的可靠性指标。

选取大型企业用户的供电可靠性典型指标和用电可靠性典型指标进行对比，以分析 DG 和储能对用户用电可靠性的影响，其供用电可靠性评估结果如表 5-3 所示。

表 5-3　供用电可靠性指标对比

供电可靠性指标		用电可靠性指标	
平均停电次数/(次/a)	1.5052	用户平均停电次数/(次/a)	1.2445
平均停电时间/(h/a)	10.296	用户平均持续停电时间/(h/a)	9.1146
供电可靠率/%	99.8825	用电可靠率/%	99.8960

由评估结果可以看出：在大型企业用户的用户侧接入 DG 和储能，能够有效提高用户的用电可靠性水平，相比于供电可靠性指标，用户平均停电次数减少了 17.3%，用户平均持续停电时间减少了 11.5%。

DG 与储能对用户用电可靠性的提升程度也与 DG 与储能的接入位置、容量大小及运行控制策略有关，与此同时，DG 与储能也会带来电能质量问题进而影响用电可靠性水平，在对智能配电网进行规划时，须对这些因素进行综合评估以优化规划方案，考虑用电可靠性的 DG 和储能的规划方法将在第 8 章进行研究。

5.3　电动汽车应用场景

5.3.1　电动汽车应用概述

电动汽车（electric vehicle，EV）作为新能源汽车的代表，相对以汽油燃烧作为动力的传统汽车而言，在环保、清洁、节能等方面占据明显的优势。我国《节能与新能源汽车产业规划（2012—2020）》强调大力发展节能与新能源汽车，实现我国汽车工业跨越式发展。根据国务院最新规划，到 2020 年，纯电动汽车和插电式混合动力汽车生产能力达 200 万辆、累计产销量超过 500 万辆[21]。国家电网和南方电网在其智能电网发展规划中也明确指出，要大力开展电动汽车充放电关键技术研究并全面推广应用，实现电动汽车与电网的双向友好互动。

与此同时，把电动汽车的电池作为一种储能装置，既能在电网中吸取电能，又能根据需要把电池中的电能反馈给电网的 V2G（vehicle to grid）技术得到了国内外学者的广泛关注。随着现代社会的发展，许多大城市每天的用电负荷呈现出“峰谷”状态。白天用电量大，对电能需求大，电力系统负担重；晚上用电量少，对电能需求小，可能会产生电能浪费。但是如果能够合理利用 V2G 技术，把电动汽车车载的电池作为一种储能元件，使电能在电动汽车和电网之间双向传输，将有利于改善电网的负荷波动，提高电网的稳定性和可靠性。电动汽车作为分布式微储能单元接入电网后，配电网将由一个放射状网络变为一个分布式可控微储能和用户互联的复杂网络，其运行特性会发生改变[22]。同时，由于电动汽车充放电行为具有用电和储电的双重效果，其随机性对电网的日负荷特性将产生影响，如加以有效引导和利用，将可以改变电网的日负荷曲线形状，减少峰谷差，从而达到“削峰填谷”的效果，对电网的经济可靠运行起到重要的作用。

电动汽车充电设备是维持电动汽车正常运转的必要条件和电动汽车产业链中重要的基础设施，也是建设坚强智能电网的重要内容。其主要包括充电站及其附属设施，如充电机、充电站监护系统、配电室及安全防护设施等。电动汽车充电机按安装方式不同可分为车载式和非车载式两种，分别采用相应的充电方式完成对车载蓄电池充电的功能。车载充电机安装在电动汽车内部；非车载充电机安装在电动汽车外，与交流电网连接，并为电动汽车动力电池提供直流电能。

现阶段电动汽车充电机根据各变换环节采用的方式不同，主要包括以下三种方式。

1）不控整流+斩波器：属于早期产品，直流侧电压纹波小、动态性能好、工作隔离，但体积大、谐波电流严重、变换效率低，不适用于公共电网，未来应用范围有限。

2）不控整流+DC/DC 变换器（有高频变压器）：直流侧电压纹波小、动态性能好、高频隔离、体积小、电网侧电流谐波大，变换效率低，将在近期或相当长一段时间内占有市场。

3）PWM 整流+DC/DC 变换器（有高频变压器）：由于采用先进电力电子元件及控制策略，可将谐波电流限制在很低的水平，不需加装滤波装置，功率因数高，变换效率高，对公共电网电能质量几乎不构成威胁，但考虑制造成本、容量限制等多方面的原因，目前此类充电机的广泛应用将受到一定的限制。

电动汽车电池有常规充电、快速充电和机械充电三种充电模式。常规充电利用电力低谷时段进行充电，为交流充电，常规充电效率较高，但充电时间过长。快速充电需利用专门配置的充电机对电动车电池进行充电，其充电时间短，可以大容量充电，满足电动汽车的紧急充电需求，但充电电流较大，充电效率较低，充电时会对配电网产生一定的冲击，同时大电流充电对电池寿命有影响。机械充电则直接更换电动汽车的电池组，对更换下来的蓄电池可以利用低谷时段进行充电，解决了充电时间长、蓄存电荷量少、续驶里程短等难题，降低了充电成本。

5.3.2　电动汽车对可靠性的影响分析

电动汽车充电负荷较常规负荷而言具有时空随机性强的特点，给配电网运行带来了更多的不确定性。目前的研究内容主要涉及配电网的电能质量、供电可靠性和配网经济运行方面，如图 5-5 所示。

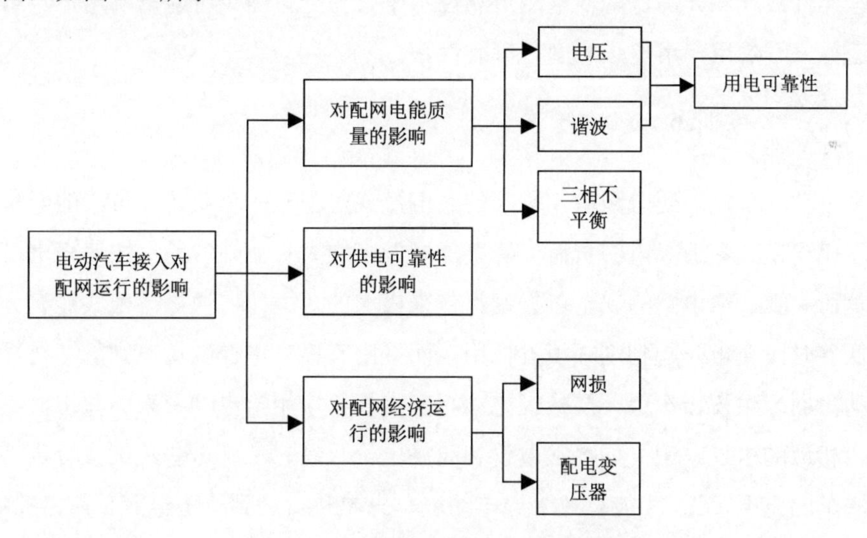

图 5-5　电动汽车接入对配电网的影响

1. 负面影响

（1）低电压问题

大量电动汽车充电会引起配电网的电压下降。文献[23]对某城市生活区 89 条 10 kV 线路进行考查，结果表明，当该区域电动汽车的渗透率从 20%增至 100%时，线路末端电压降将出现越限，最低电压的标幺值也由 0.922 降至 0.844，电压严重越下限。电压偏低会导致用户部分用电设备无法正常使用，严重影响用电可靠性。以广东省某农村地区为例，该地区农网基础薄弱、供电半径大、低电压问题严重，在安装无功电压调节器治理低电压问题前，某线路负荷电流最大值为 56 A，无功电压调节设备投运后负荷最大值不断上升，一周后最大负荷电流达到 110 A，接近于原先最大电流的两倍。这表明低电压问题会抑制用户的部分用电负荷，导致用电可靠性水平低于供电部门统计的供电可靠性指标，而大量电动汽车充电造成的电压下降也可能会导致部门用电设备停运，降低用电可靠性。

（2）谐波污染

电动汽车充电设施是一个非线性负载，投入充电时会给配电网带来一定的谐波污染。一般来说，单台充电机产生的谐波是满足国家标准的，但随着充电机数量增加，公共连接点处的各次谐波电流随之增加，而且通常是在充电机输出功率最大时刻达到谐波最大值。当电动汽车达到一定数量后，公共母线电压的谐波畸变率可能超出标准允许范围[24]。电动汽车充电时，产生的谐波一方面可能对变压器寿命、电缆和继电保护器造成影响，导致这些元件故障率升高，降低电网可靠性水平；另一方面也可能影响用户侧用电设备的正常运行，影响用户用电满意度和可靠性。

（3）改变负荷曲线

大量电动汽车接入配电网后，不同的充电模式对配电网负荷特性带来的影响也不一样。无序充电模式会造成电网负荷“峰上加峰”、增大负荷峰谷差；快速充电模式会产生新的负荷尖峰，给电网的安全可靠运行带来极大的挑战；电池更换模式能充分利用电网负荷低谷时段充电，起到削峰填谷作用。而采用有序充电控制策略则能够在平滑电网负荷波动方面产生积极作用。要减轻电动汽车大规模应用给电网带来的负担，电网公司必须出台相应的引导政策，如峰谷电价和高峰电价政策。实施这些政策或者直接控制全网电动汽车的充电行为，才能有效引导电动汽车充电负荷达到改善电网负荷特性的效果。

2. 积极作用

（1）削峰填谷

随着 PWM 整流技术在电动汽车充放电领域的应用和发展，通过控制 PWM 驱动信号，电动汽车将可实现在负荷和分布式移动电源两个角色间灵活转换。在用电低谷时，给汽车蓄电池充电；在用电高峰时，作为电源将蓄电池中能量反馈给电网。有研究假设广东 2020 年拥有 100 万辆电动汽车，在一定的情景条件下，采用智能 V2G 模式，广东电网 2020 年最大负荷可降低 1%，最小负荷可提高 5%，日最小负荷率可提高 15%，削峰填谷效果显著。通常在一定网架结构和运行方式下，负荷特性是影响电力系统可靠性最主要的因素。对负荷削峰填谷能够提高电力系统的平均供用电可靠性水平。

（2）提高电网对 DG 的接纳能力

电动汽车作为可移动的分布式储能装置，可配合太阳能、风能等间歇性能源实现综合调度，提高电力系统接纳可再生能源发电的能力。通过 4.1 节的分析可知，提高 DG 并网接入容量并减少间歇性能源发电的功率波动能够改善电能质量并有效提高用户的用电可靠性水平。

（3）加快系统黑启动速度

当集中型电动汽车充电站内的可用电池容量达到一定程度时，就可以为无黑启动电源或黑启动机组容量不够充裕的区域电力系统提供机组启动功率，辅助系统恢复。当前电力系统的黑启动一般由抽水蓄能电站承担，若由电池容量充足的集中型充电站来促进黑启动的实现，则可加快系统恢复速度，减少用户停电时间。

5.3.3　计及电动汽车的配电网可靠性分析

由于电动汽车的充电行为是由车主个人意愿所决定的，常规的调控方法并不适用于电动汽车。分时电价作为需求侧响应的重要手段，能够充分发挥经济杠杆作用，通过电价来激励车主调整充电行为，将负荷高峰时段的充电需求转移到低谷时段，改善负荷曲线。通常在一定的网架结构和运行方式下，负荷水平是影响电网可靠性最主要的因素。在负荷从较低水平逐渐上升到某一较高水平的过程中，在一定负荷范围内系统可靠性水平变化不大，但当负荷超过临界值后，系统可靠性水平将会发生急剧变化[24]。分时电价的实施虽然不会改变电动汽车每日的充电负荷量，但能够将各个时段的负荷水平都尽可能控制在临界值以下，进而提升电力系统的平均可靠性水平。

本节采用改进的 IEEE RBTS-Bus6 测试系统[19]进行可靠性评估[25]，选取主馈线 F4 的部分负荷，并接入风电机组、柴油发电机组和储能装置构成微电网，如图 5-6 所示。PCC 为微电网与上级电网的公共连接点，部分支路上装有智能开关，能有效切断负荷电流。DG、储能及变压器参数见表 5-4，其余元件、线路及负荷参数见文献[9]。风电机组的切入、额定及切除风速分别为 9 km/h、38 km/h 和 80 km/h，设平均风速为 14.6 km/h，风速标准差为 9.75 km/h，储能系统的容量为 1.5 MW·h。

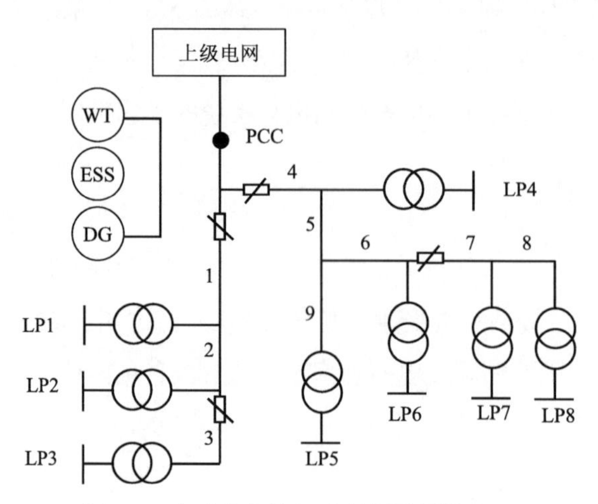

图 5-6　电动汽车接入对配电网的影响

表 5-4　DG、储能及变压器参数

元件	最大功率/MW	故障率/(次/a)	修复时间/h
风电机组	2.5	0.25	20
柴油发电机组	1.5	0.25	8
储能系统	0.4	0.25	10
变压器	—	0.015	30

为研究电动汽车充电对供用电可靠性的影响，设置如下两种方案进行对比分析：方案 1，不实行分时电价，充电电价为 0.7 元，电动汽车接入充电桩后立即进行充电，即无序充电方式；方案 2，实行分时电价引导电动汽车在负荷谷时段进行充电，即有序充电方式，峰时段为 13:00～24:00，电价为 1.33 元，其余时间为谷时段，电价为 0.40 元。

基于电动汽车的特性，作如下假设：①电动汽车根据各节点负荷量按比例接入各负荷点；②电动汽车充电过程近似为恒功率特性；③电动汽车用户早晨离家驱车前往单位的时间及傍晚回到家的时间均服从正态分布[26]。电动汽车的相关参数如表 5-5 所示。

表 5-5　电动汽车模型参数

参数	数值
电动汽车数量 N/辆	500
充电功率 P_C/kW	4
电池总容量 Q/(kW·h)	50
行驶耗电量 W/(kW·h/100 km)	15
到家时刻均值	19:00
到家时刻标准差	1.5
离家时刻均值	7:45
离家时刻标准差	1

续表

参数	数值
行驶距离均值/英里	3.2
行驶距离标准差/英里	0.88

注：1 英里=1.609344 km。

为对电动汽车的充电行为进行仿真，采用蒙特卡罗模拟法，根据电动汽车模型参数随机产生每辆电动汽车的到家时刻、离家时刻和当日行驶距离三个数据。在有序充电控制过程中，由用户根据费用及自身需求选择充电方案：方案 1 为立即充电直至充电完成，方案 2 为尽可能在谷时段进行充电使得充电费用最低，并根据峰谷电价计算两种方案的费用及充电完成时间。根据两种方案的费用之差来确定电动汽车的响应比例（即用户选择方案 2 的比例）。设风速服从双参数韦布尔分布，其形状参数为 2，尺度参数为 8.03。最后基于蒙特卡罗模拟法模拟电网元件状态，对该配电网进行可靠性评估，系统可靠性评估结果如表 5-6 所示。

表 5-6　可靠性指标对比

方案	SAIFI/(次/a)	SAIDI/(h/a)	EENS/（MW·h/a）
实施峰谷电价前	1.4453	6.1245	29.2235
实施峰谷电价后	1.4330	5.9623	26.5642

由表 5-6 可以看出，与实施峰谷分时电价前相比，实施峰谷分时电价能够使电力系统可靠性的三个典型指标均得到改善，可靠性指标平均降低 4.20%，尤其是年均缺供电量指标 EENS 降低了 9.1%，即 2.6593 MW·h/年。根据广东省东莞供电局 2012 年进行的用户停电损失调查，取停电损失评价率为 132.6 元/(kW·h)[27]，则采用峰谷分时电价引导电动汽车有序充电能够使系统年停电损失费用减少 3.523×10^6 元，既能够提高电网公司的服务质量，又能提高整个社会的经济效益。实施峰谷分时电价对电动汽车有序充电引导前后电网的总负荷曲线如图 5-7 所示。

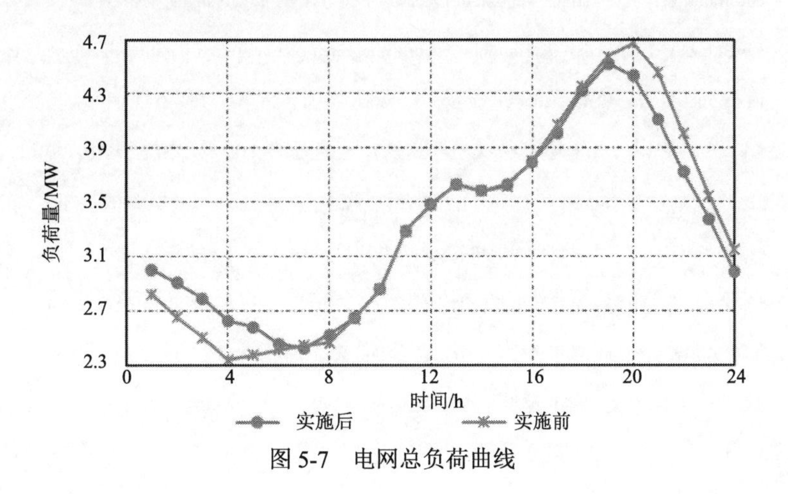

图 5-7　电网总负荷曲线

由图 5-7 可看出，实施可靠性最优分时电价能够将 19～24 时这段负荷高峰期间的部分电动汽车充电负荷转移到 1～6 时的电网负荷低谷时段。实施最优分时电价后，电网负荷峰谷差由 2.33 MW 降为 2.09 MW，有利于减小电网运行压力，避免电网故障时转供能力不足，减少了部分用户的停电时间和年均缺电量，提高了用电可靠性。

5.4 本 章 小 结

本章对主动配电网背景下用电可靠性的 3 个典型场景依次进行分析。DG 有助于缓解网络过载、减少用户停电时间，但 DG 出力的随机性、不恰当的接入位置、电力电子装置产生的谐波也可能会恶化用电可靠性。储能技术能够与 DG 配合平抑出力的波动性、在电网故障时提供电能支持，但目前储能成本较高，难以在电力系统中大范围应用。电动汽车接入电网能够削峰填谷、提高电网对 DG 的接纳能力及加快黑启动速度，但大量电动汽车充电也可能造成电压偏低、谐波污染、加剧负荷峰谷差等问题。

参 考 文 献

[1] Celli G，Ghiani E，Mocci S，et al. From passive to active distribution networks：methods and models for planning network transition and development[C]. 42th International Conference on Large High Voltage Electric Systems 2008，CIGRE 2008，Paris，France，2008：1-11.

[2] Borges C L T，Martins V F. Multistage expansion planning for active distribution networks under demand and distributed generation uncertainties[J]. International Journal of Electrical Power & Energy Systems，2012，36(1)：107-116.

[3] Martins V F，Borges C L T. Active distribution network integrated planning incorporating distributed generation and load response uncertainties[J]. IEEE Transactions on Power Systems，2011，26(4)：2164-2172.

[4] 陈旭，张勇军，黄向敏. 主动配电网背景下无功电压控制方法研究综述[J]. 电力系统自动化，2016，40(1)：143-151.

[5] 马钊，梁慧施，苏剑. 主动配电系统规划和运行中的重要问题[J]. 电网技术，2015，39(6)：1499-1503.

[6] 张建华，曾博，张玉莹，等. 主动配电网规划关键问题与研究展望[J]. 电工技术学报，2014，29(2)：13-23.

[7] 付学谦，陈皓勇，刘国特，等. 分布式电源电能质量综合评估方法[J]. 中国电机工程学报，2014，25：4270-4276.

[8] 王浩鸣. 含分布式电源的配电系统可靠性评估方法研究[D]. 天津：天津大学，2012.

[9] 陈旭，羿应棋，张勇军. 考虑风电场随机波动性的变电站关口无功控制区间整定方法[J]. 电力系统自动化，2016，40(15)：141-147.

[10] 赵雪源. 含分布式电源的配电网可靠性评估[D]. 徐州：中国矿业大学，2015.

[11] Atwa Y M，El-Saadany E F，Guise A. Supply adequacy assessment of distribution system including wind-based DG during different modes of operation[J]. IEEE Transactions on Power Systems，2011，19(25)：78-86.

[12] Atwa Y M，E1-Saadany E F，Salama M M A，et al. Adequacy evaluation of distribution system including wind/solar DG during different modes of operation[J]. IEEE Transactions on Power Systems，2011，4(26)：1945-1952.

[13] 陈旭，杨雨瑶，张勇军，等. 光伏光照概率性对配电网电压的影响[J]. 华南理工大学学报（自然科学版），2015，43(4)：112-118.

[14] 袁小明，程时杰，文劲宇. 储能技术在解决大规模风电并网问题中的应用前景分析[J]. 电力系统自动化，2013，37(1)：14-18.

[15] 刘泽槐，翟世涛，张勇军，等. 基于扩展 QV 节点潮流的光储联合日前计划[J]. 电网技术，2015，39(12)：3435-3441.

[16] 朱革兰，刘泽槐，刘文泽，等. 抑制光伏并网电压扰动的配电网储能配置方法[J]. 华南理工大学学报（自然科学版），2015，43(8)：49-54，61.

[17] 陈沧杨，胡博，谢开贵，等. 计入电力系统可靠性与购电风险的峰谷分时电价模型[J]. 电网技术，2014，38(8)：2141-2148.

[18] 涂炼，刘涤尘，廖清芬，等. 计及储能容量优化的含风光储配电网可靠性评估[J]. 电力自动化设备，2015，35(12)：40-46.

[19] Allan R N，Billinton R，Sjarief I，et al. A reliability test system for educational purposes-basic distribution system data and results[J]. IEEE Transactions on Power Systems，1991，6(2)：813-820.

[20] Billinton R，Jonnavithula S. A test system for teaching overall power system reliability assessment[J]. IEEE Transactions on Power Systems，1996，11(4)：1670-1676.

[21] 中华人民共和国国务院. 节能与新能源汽车产业发展规划（2012—2020 年）[R/OL]. [2012-06-28]. http://www.gov.cn/zwgk/2012-07/09/content_2179032.htm.

[22] 刘晓飞，张千帆，崔淑梅. 电动汽车 V2G 技术综述[J]. 电工技术学报，2012，27(2)：121-127.

[23] 李惠玲，白晓民. 电动汽车对配电网的影响及对策[J]. 电力系统自动化，2011，35(17)：38-43.

[24] 赵伟，姜飞，涂春鸣，等. 电动汽车充电站入网谐波分析[J]. 电力自动化设备，2014，34(11)：61-66.

[25] 赵洪山，王莹莹，陈松. 需求响应对配电网供电可靠性的影响[J]. 电力系统自动化，2015，39(17)：49-55.

[26] 刘利兵，刘天琪，张涛，等. 计及电池动态损耗的电动汽车有序充放电策略优化[J]. 电力系统自动化，2016，40(5)：83-90.

[27] 刘利平，杨雄平，李昱来，等. 计及电动汽车有序充电的可靠性最优分时电价模型[J]. 广东电力，2017，30(5)：56-62.

第6章　电压暂降的机制、实验方法与敏感性分析

当前，谐波、电压偏差等电能质量问题的研究已逐渐成熟，电压暂降是最严重、最广受关注的电能质量问题[1-3]。本章专门讨论电压暂降对可靠性的影响，而且集中讨论电压暂降对敏感性设备的影响。

6.1　电压暂降产生机制

引起电压暂降的根本原因是线路中的电流短时间内额定电流突然增大几倍甚至几十倍，导致邻近变压器电压和公共连接点电压，甚至发电机端电压短时下降。电压暂降产生机制涉及电网和用户两个方面[1]。电网在运行过程中产生电压暂降原因包括各种短路故障、变压器及电容器组投切等；此外，电网主网架在扰动状态下无功潮流的动荡剧烈也会引发电压暂降问题。用户产生电压暂降的原因主要包括用户内部短路故障、感应电动机启动、电弧炉和轧钢机等冲击性负荷投运等。

在电网侧及用户侧产生电压暂降的诸多原因中，短路故障、变压器投切、感应电动机启动是最主要原因，此外，近年来南方电网出现的数起大范围电压暂降事件也是必须要引起重点关注。

6.1.1　大范围电压暂降

所谓大范围电压暂降，是指电网处于正常运行情况，由于无功激烈波动、短路故障、误操作等原因造成主网电压暂降，虽然主网各类保护和人员操作能及时处理故障（主网在整个过程能维持稳定的运行，频率为发生故障性变化），但在此过程中，主网的电压暂降渗透、传播到配网，引起配网大量的低压脱扣器动作，造成大量用户“甩负荷”的现象。以东莞电网2012年发生的大范围电压暂降事件为例[4, 5]。

2012年5月5日8：29：13，220 kV东黎甲线发生A、B相间短路接地故障，60 ms

后故障切除；在 8：28：19～8：29：19 期间，横沥片区 110 kV 元浦双线也相继发生了相间故障，重合闸动作成功，恢复双线运行。EMS 系统显示，此次相间短路事件前东莞电网负荷为 8276 MW，由相间短路故障引起的大范围电压暂降导致了东莞电网约 747 MW 的负荷发生了低压脱扣事件。此次主网事件对电网运行影响非常大，由于节点电压大幅跌落，低压脱扣导致了大量负荷损失，负荷损失达到了东莞电网总负荷的 9.03%。本次事件中损失的负荷均为普通工业用户，没有导致重要用户失电，也没有导致 35 kV 及以上的大用户失电。整个事件都没有造成主网的稳定性问题，但造成大面积用户低压脱扣器动作而甩负荷的后果，严重影响了用户用电可靠性。另外，统计现有类似故障的相关资料，珠江三角洲地区主网发生两相接地故障或三相短路故障均有可能引起大量甩负荷或更加恶劣的影响。表 6-1 列出了近年珠江三角洲地区大范围电压暂降事件。

表 6-1　近年珠江三角洲地区大范围电压暂降事件列表

时间	发生地	具体故障	故障原因	负荷损失量/MW
2014.07.08	东莞	220kV 莞景乙线发生 B、C 相间短路故障	雷击	1012.4
2012.05.05	东莞	东黎甲线发生 A、B 相间短路接地故障	雷击	747
2010.05.15	深圳	220kV 育新站 2M 母线发生 AC 相间故障	设备故障	270
2009.06	深圳	深圳 110kV 象围线三相短路故障	雷击	450
2008.07.30	广州	500kV 北郊站 220kV 母线发生相间故障	雷击	1537
2008.06.13	深圳	220kV 妈岸乙线受雷击影响相间短路跳闸	雷击	600

可见，无功剧烈波动、短路故障、误操作等主网故障是造成电网大范围电压暂降的主要原因。虽然在大部分主网故障中极少发现能导致如此大面积的低压脱扣器产生跳闸动作，并导致大量负荷切除的事件，但由于大范围电压暂降的影响范围广，受影响用户数量大，必须引起供电企业的注意。多次事故分析表明：低压脱扣器是电压暂降导致大范围停电事故的主要受影响的环节，其电压暂降敏感特性与用户受电压暂降影响程度相关，本章后面的小节中将对低压脱扣器的电压暂降敏感特性进行分析。

6.1.2　短路故障

短路故障是引起电压暂降最主要的原因之一。系统发生短路故障时，由于电流升高造成短路点附近电压下降，从而导致发生电压暂降事故。不同的短路故障会引起不同的电压暂降现象，在主网发生的电压暂降甚至能引起配网的大范围电压暂降事故。

故障引起的暂降幅值与故障点和 PCC 的距离相关，故障点距离 PCC 越近，电压暂降就越严重，PCC 对应的电压幅值和相位的波动由 PCC 和故障点之间的线路阻抗与供电系统阻抗决定。电压暂降通常伴随着保护装置的动作而清除，因此认为持续时间与保护设备的动作时间密切相关。另外，系统中变压器类型及中性点接地方式、设备的接线方式都对短路故障时在供电负荷端所产生的电压暂降有一定影响。

图 6-1 和图 6-2 分别为对称和不对称短路故障时有效值波形。短路故障引起的电压暂降的典型特征如下：

1）电压暂降幅值较低，一般低于 0.7 p.u.；持续时间与保护动作时间有关。

2）不同的短路故障会引发不同的暂降现象，三相短路故障引发的电压暂降其三相电压幅值相等；其他短路类型引发的电压暂降三相电压幅值不同。

3）电压暂降发生和恢复的波形陡，基波电压的幅值变化过程呈矩形；故障期间可能发生多级暂降；电压暂降开始和结束瞬间，幅值均发生突变，在暂降过程中电压幅值基本不发生变化。

4）暂降过程中有可能发生相角跳变。

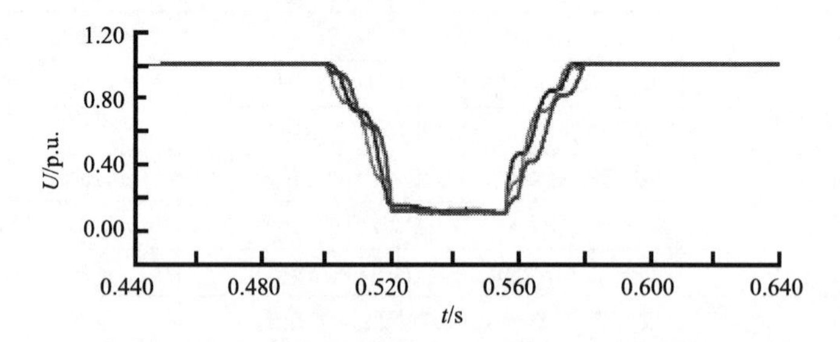

图 6-1　三相（对称）短路故障时瞬时值波形和有效值波形

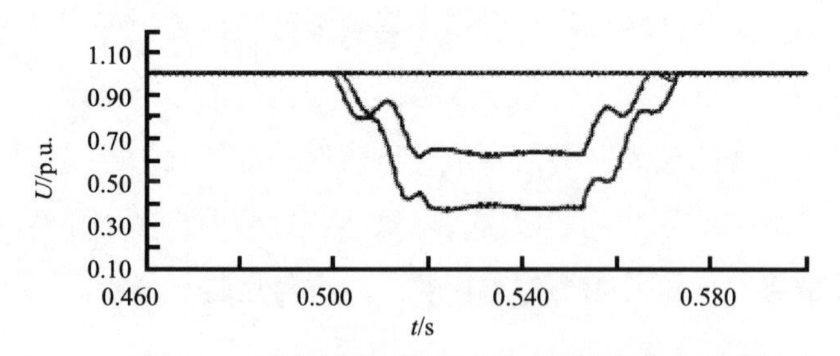

图 6-2　不对称短路故障时瞬时值波形和有效值波形

6.1.3　变压器投切

变压器的铁芯材料具有非线性特性，在变压器空载投运时，由于铁芯的磁通饱和特性，会产生较大的励磁涌流，其值可达额定电流的数倍甚至数十倍。瞬间产生的励磁涌流会使电网电压骤降，甚至导致继电器误动作，敏感电子元器件损坏等严重的问题。当变压器投切时电压的初相位为 0°，将产生最大的励磁涌流，造成严重的电压暂降；当变压器投切时电压的初相位为 90°，不会产生励磁涌流，亦不会造成电压暂降问题。由于三相电压的相位始终相差 120°，变压器投切产生的电压暂降总是三相不平衡。变压器绕组铜损致使电压暂降的恢复不会突变，大型变压器的电抗较大，需要比小型变压器更长的时间恢复到稳态，一般为几十个周期。

图 6-3 为变压器投入时的三相电压有效值波形图。对其进行谐波分析可知，其中 2～4 次谐波的含量比较高。变压器投切造成的电压暂降具有如下特点：

1）三相电压暂降幅值不相等，电压暂降幅值不会低于 85%。

2）伴随着电压暂降，电压信号中含有谐波分量，尤以 2 次谐波为主。

3）暂降后电压逐渐恢复，无突变。

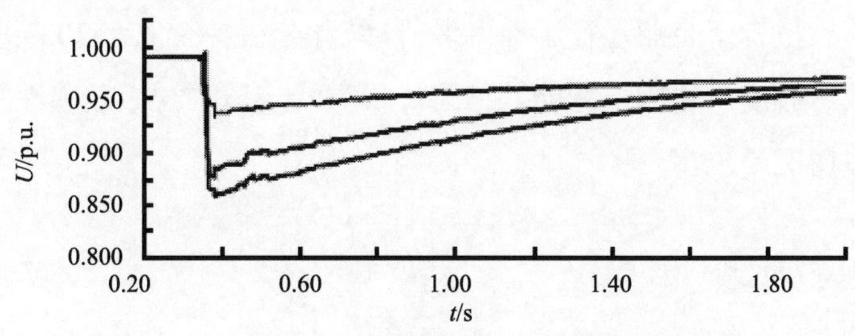

图 6-3 变压器投运三相有效值波形图

6.1.4 感应电动机启动

据统计，在用户侧总负荷中，感应电动机用电量约占 60%以上，但感应电动机启动性能比较差，启动时初始转子转速为 0，定子上产生很大的启动电流，启动电流的增大，使得系统阻抗分压增加，从而造成了公共连接点的电压暂降。感应电动机的容量、启动方式、局部电网的容量及电动机负载等因素都会对 PCC 的电压暂降程度产生影响。由于三相感应电动机是三相对称的，启动时造成的三相电压暂降的波形一致；同时，与短路故障时电压暂降的现象不同，由于定子线圈上的铜损及转子转速的升高，启动电流逐渐减小，电压暂降的过程相对缓慢。

图 6-4 为感应电动机启动时三相有效值波形。感应电动机启动造成的电压暂降具有如下特点：

1）三相电压同时发生暂降，三相暂降幅值相同。

2）暂降幅值一般不会低于 0.85 p.u.。

3）电压暂降是逐渐恢复的，恢复过程中没有突变。

4）暂降过程中有功功率会有一定的变化。

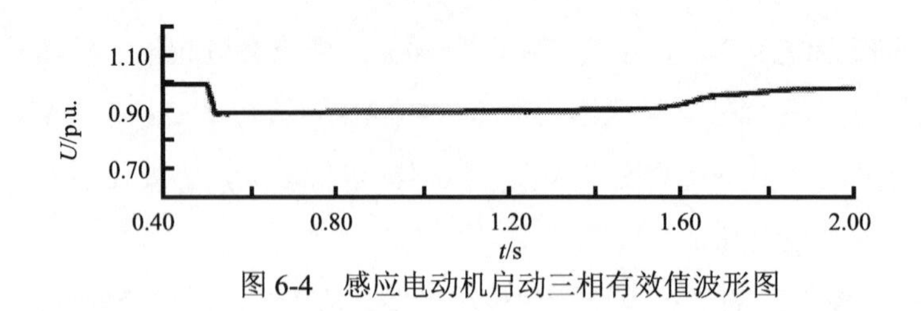

图 6-4 感应电动机启动三相有效值波形图

6.2 南方地区电网的电压暂降及其影响

除了对大范围电压暂降事故进行统计分析外，本书对 11 家南方电网珠江三角洲地区签订并网调度协议的大型骨干企业进行了深入调研，统计分析各企业在 2009～2013 年度电压暂降发生的次数、频度、原因及影响等信息，以进一步掌握一级敏感性企业用户受电压暂降影响的具体情况。

6.2.1 不同企业用户对比

以 2013 年为例，对不同地区企业的电压暂降事件频度进行统计，表 6-2 给出了统计结果。可以看到：不同地区、不同类型企业所记录的电压暂降频度差异明显；深圳地区的两家企业，即杜邦中国集团有限公司和深圳赛意法微电子有限公司的电压暂降频度分别为 12 次和 19 次，明显高于其他地区被调研企业；杜邦中国集团有限公司的电压暂降频度要低于深圳赛意法微电子有限公司，说明电子类企业相对于化工类企业而言，受电压暂降影响较大。

表 6-2 不同地区电压暂降事件频度比较

序号	企业名称	城市	企业类型	频度
1	广州 JFE 钢板有限公司	广州	五金	6
2	广州地铁集团有限公司	广州	交通运输	1
3	杜邦中国集团有限公司	深圳	化工	12
4	深圳赛意法微电子有限公司	深圳	电子	19
5	东莞三星视界有限公司	东莞	电子	3
6	旗利得电子（东莞）有限公司	东莞	电子	2
7	东莞市虎门港集装箱港务有限公司	东莞	交通运输	—
8	波尔亚太（深圳）金属容器有限公司	佛山	五金	4
9	本田汽车零部件制造有限公司	佛山	机械	4
10	广东威奇电工材料有限公司	佛山	电子、机械	—
11	广东伊之密精密机械股份有限公司	佛山	精密器械	1

注：虎门港集装箱港务有限公司、威奇电工材料有限公司没有提供该方面信息。

6.2.2　电压暂降故障源分析

对 11 家企业在 2009～2013 年产生电压暂降的故障源进行统计，结果表明造成电压暂降事件的主要原因是雷击和短路故障。

雷击所引起的绝缘子闪络和线路对地放电是造成系统电压暂降事件的主要原因之一。广州 JFE 钢板有限公司、杜邦中国集团有限公司、广东威奇电工材料有限公司等对此均有记录。在对于雷击概率高的区域，相应的避雷措施到位情况不理想，导致用户受雷击影响的事件时有发生，可通过相应技术手段减少此类情况的影响。广东威奇电工材料有限公司在意识雷雨天气对电能质量产生影响后，对避雷接线进行检查、紧固，随后一年未发生急停事件。

线路故障是引起电压暂降的另一重要原因，配电系统线路主保护一般采用分段式电流保护，线路故障时不能做到无延时切除故障，若线路上装有重合闸，引起电压暂降次数将成倍增加，用户通过在进线侧加装补偿设备可减小此类电压暂降事件影响。在被调研的 11 家企业中，本田汽车零部件制造有限公司、广东威奇电工材料有限公司等用户反应，线路故障引起的电压暂降导致厂内生产线急停，引起重大经济损失。

6.3　电压暂降敏感性实验平台和方法

6.3.1　电压敏感性设备概述

设备的电压暂降敏感性是指设备对电压暂降的敏感程度，即设备在经受电压暂降干扰时能否正常工作的特性。用传统的 ITIC 曲线、SEMIF 47 曲线描述设备在电压暂降作用下的状态是明确的，即设备只有处于正常状态或故障状态两种情况[6]。然而实验证明：大部分设备的电压暂降敏感特性并非只有两种状态，存在不确定区域。目前，用电设备的电压暂降敏感性通常用电压幅值-扰动持续时间平面上的电压耐受曲线（voltage tolerate curve，VTC）进行描述，现有的测试和标准表明，计算机（PC）、可编程控制器（PLC）、可调速驱动装置（ASD）等设备的 VTC 一般呈矩形，如图 6-5 所示。

图 6-5 中，U 为电压暂降幅值（残压幅值），t 为持续时间，u_1 和 u_2、t_1 和 t_2 分别为设备在模糊区域的电压暂降幅值、持续时间的最小值和最大值。特性曲线 1 的外部（$u > u_2$ 或 $t < t_1$）表示设备正常运行区域（或不动作区域）；特性曲线 2 的内部（$u < u_1$ 且 $t > t_2$）表示设备故障运行区域（或动作区域）；特性曲线 1 与 2 之间表示模糊区域。

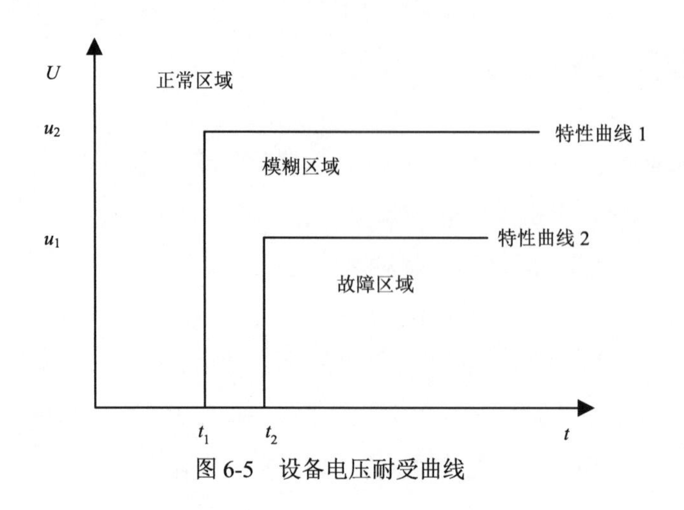

图 6-5　设备电压耐受曲线

目前，国内外对设备的电压暂降敏感性研究取得了不少有价值的研究成果，文献[7]建立了电能质量敏感度测试系统并以交流接触器为例，通过改变其线圈输入电压幅值和持续时间分别进行了试验与仿真，得出交流接触器电压耐受曲线；文献[8]和[9]以电压幅值、持续时间和相位作为测试参数，分别对不同型号的交流接触器和调速驱动装置进行了电压暂降、短时中断的敏感性测试，基于测试结果得出电压耐受曲线；文献[10]以计算机、交流接触器和荧光照明等低压设备作为试验对象，通过试验绘制各设备电压耐受曲线，在此基础上研究其在不同电压暂降幅值、持续时间和相位组合作用下的表现特性。综上所述，目前国内外所研究的设备集中在交流接触器[7, 8, 11]、低压脱扣器[12-14]、可调速驱动装置[9]、计算机[10]、照明设备[14, 15]等。下面将介绍一种通用的电压暂降敏感特性实验平台和试验方法。

6.3.2　实验平台

实验平台是由电压暂降发生仪、待测设备和电能质量监测仪组成，原理电路图如图 6-6 所示。其中，电压暂降发生仪用于提供标准的电压暂降测试信号，其技术参数要求如表 6-3 所示；电能质量监测仪用于观测暂降波形并确保测试信号符合实验要求。

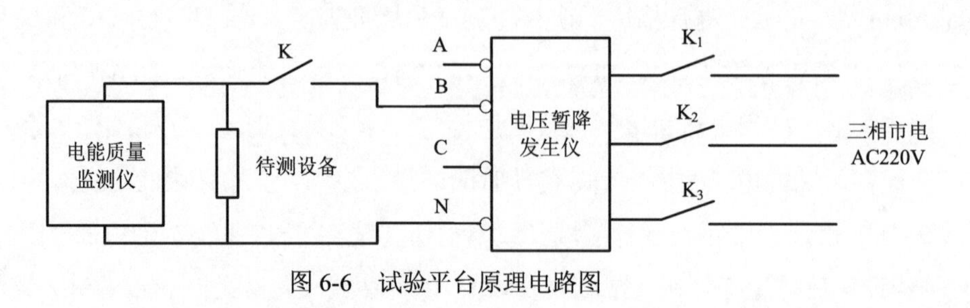

图 6-6　试验平台原理电路图

表 6-3　电压暂降发生仪主要技术参数要求

类别	技术参数
负荷容量	三相/单相 AC220V 50A
暂降模式	单相暂降、三相暂降
幅值	1%～95%（0.2%步进）
IEC 标准测试电压	0%，40%，70%
持续时间	10 ms～3 min（1 ms 步进）
暂降间隔时间	5 ms～3 min（1 ms 步进）
相位调节	0°～359°（1°步进）
工作电源	AC220V 50HZ

6.3.3　实验方法

在开始试验前，首先调节电压暂降发生仪，使其输出电压幅值在待测设备的额定工作电压 U_e 附近，然后闭合开关 K，待被测设备通电稳定运行后开始试验，试验步骤具体如下：

1）电压暂降幅值调节。电压幅值 U 从 $10\%U_e$ 开始，以 $5\%U_e$ 为步长，由小到大进行调节，调节范围为 $10\%\sim90\%U_e$。

2）电压暂降相位调节。电压暂降相位 θ 从 0° 开始，以 45° 为步长，由小到大进行调节，调节范围为 0°～360°。

3）电压暂降持续时间的调节。针对每个幅值 U 和相位 θ，持续时间 T 从 10 ms 开始，以 1 ms 为步长由小到大进行调节，调节范围为 10 ms～1 min。

4）由电压幅值、相位及持续时间组成的每组测试信号以一定的频次（文献[17]规定为 3 次，本书为提高精度取 10）反复提供给被测设备，每两组测试信号间要保留一定时间间隔（按文献[17]规定取为 10 s），观察被测设备的工作情况，并记录下持续时间 T_{min} 和 T_{max}（即 $T\leqslant T_{min}$ 时被测设备始终正常工作，$T\geqslant T_{max}$ 时被测设备的故障次数等于测试信号频次，$T_{min}<T<T_{max}$ 时被测设备会发生故障，但故障次数小于测试信号频次）。

按照上述试验步骤，可实现对敏感设备的电压暂降敏感性试验。同时仍需要注意以下几点：

1）由于各类敏感设备特性有所出入，前面给出的幅值、相位、持续时间的调节步长可以根据设备特性和精度需求选取，重复实验频次和间隔时间同样也可以根据实际情况进行调节。

2）在整个试验过程中被测设备可能会起停上千次而出现疲劳过热现象，一定程度上会影响试验精度。因此当测试次数达到一定值时（根据待测设备不同进行确定）暂停试验，待其充分冷却后再重新进行试验。

3）考虑不同设备的 T_{min} 不同，有些设备的 T_{min} 可能达到几百毫秒，若持续时间 T 均从 10 ms 开始调节，可能耗时过长，因此可按照文献[17]所规定的电压暂降优先的试验等级进行试验，根据被测设备的反应情况，适当调整 T 的起始值，以提高试验效率。

6.4　低压脱扣器的电压暂降实验与数据分析

6.4.1　低压脱扣器选择及实验平台搭建

低压脱扣器是断路器的核心元件，其定义是随其功能不断变化的。在早期，低压脱扣器可定义为在大于额定电流值的过电流（故障电流）流通时，使操作机构脱扣跳闸，从而达到使断路器自动分闸的机构。随着过电流脱扣器、欠电压脱扣器、分励脱扣器的发展，特别是现在低压脱扣器智能化、可通信化的发展，低压脱扣器的功能越来越强，附加功能也越来越多。可把能使断路器实现对电气设备免受过载、短路、欠电压、过电压等故障危害的各种保护功能的机构统称为低压脱扣器。低压脱扣器实物图如图 6-7 所示。

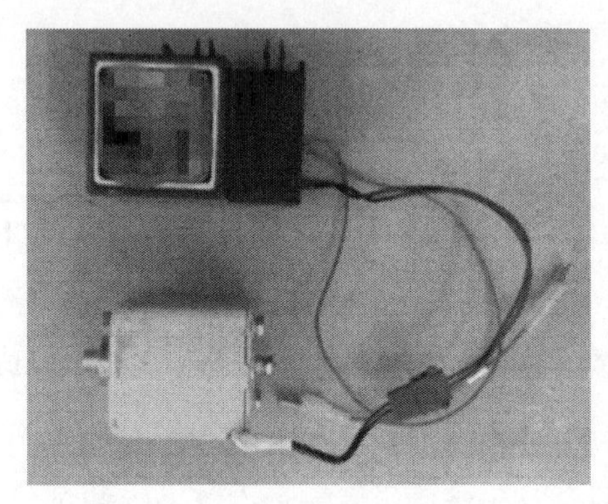

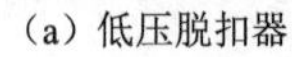

（a）低压脱扣器

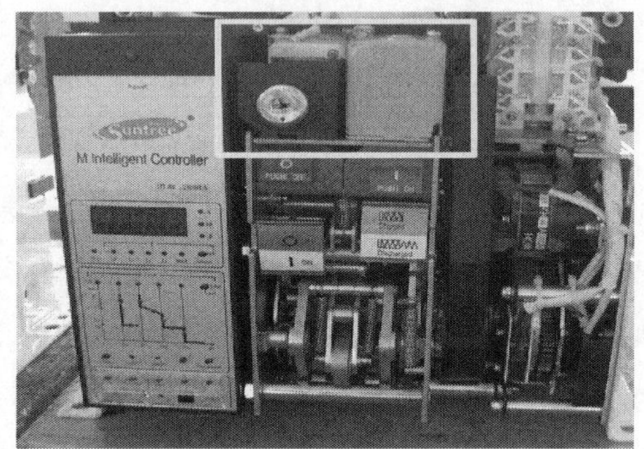

（b）断路器中的低压脱扣器

图 6-7　低压脱扣器实物图

本节搭建了电压暂降实验平台，并选择了 5 款主流的 220V 低压脱扣器进行试验，其基本信息如表 6-4 所示。图 6-8 为实验平台的实物接线图。

表 6-4　试验所用低压脱扣器基本信息

型号	额定工作电压	制造商
T_1	AC 220V	江苏国星电器有限公司
T_2	AC 220V	浙江阿尔斯通电气有限公司

续表

型号	额定工作电压	制造商
T_3	AC 220V	上海磊跃自动化设备有限公司
T_4	AC 220V	江苏大全凯帆电器股份有限公司
T_5	AC 220V	浙江正泰电器股份有限公司

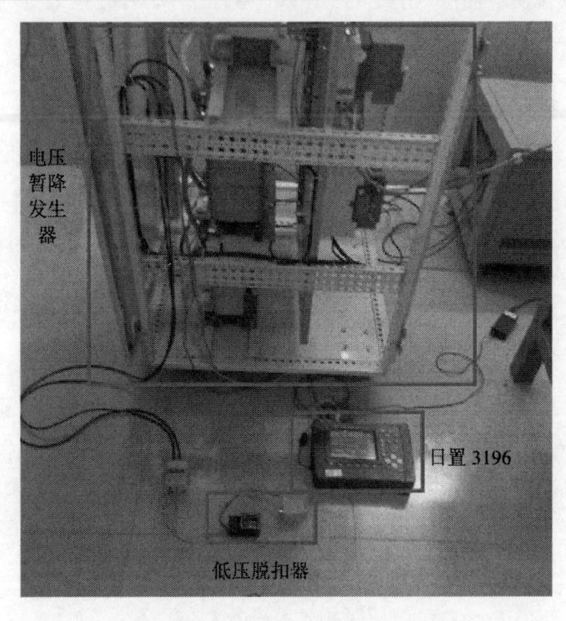

图 6-8　实验平台的实物接线图

6.4.2　实验结果分析

以江苏国星电器有限公司生产的 AC220V 低压脱扣器（T_1 型）为例，给出试验记录表格及实验结果，如表 6-5 所示。

表 6-5　T_1 型低压脱扣器在不同幅值与相位组合下的持续时间 T_{min} 与 T_{max}（单位：ms）

U/%	T_{min}/T_{max}							
	0°	45°	90°	135°	180°	225°	270°	315°
50	70/76	68/76	68/74	50/60	62/64	62/66	62/64	60/68
45	38/56	37/56	34/52	30/48	28/46	42/47	42/45	40/44
40	37/38	34/38	32/40	28/32	26/28	25/44	40/42	38/41
35	36/38	32/36	30/33	28/30	26/28	24/30	34/40	38/40
30	34/36	30/35	28/32	26/30	24/27	24/29	23/40	35/40
25	32/36	30/35	28/32	24/30	22/27	23/28	22/39	34/39
20	30/36	30/34	26/30	23/30	20/26	22/26	22/38	28/37
15	18/36	20/34	12/30	11/30	12/26	22/24	20/34	20/37
10	18/35	16/34	14/30	12/28	12/26	18/24	20/30	20/36

注：T_1 型低压脱扣器分别在电压幅值大于 50%、35%时，持续时间在 10 ms～1 min 变化时，始终不动作。

从实验结果可看出：每种情况下的确定动作时间 T_{min} 与和确定不动作时间 T_{max} 都不重合，也就是说低压脱扣器的动作区域与不动作区域之间存在明显的中间过渡地带（模糊区域），即低压脱扣器电压暂降作用下的动作特性存在动作区域、不动作区域、模糊区域。另外，除了电压暂降幅值、持续时间外，电压暂降相位也是影响低压脱扣器敏感性的重要因素。

分析表 6-5 中数据可知，对于 T_1 型低压脱扣器，当 U 在区间[10%，50%]范围内变化时，θ 为 0° 时所对应的 T_{min} 和 T_{max} 总体上均达到最大，即当 θ 为 0° 时低压脱扣器动作区域最小，不动作区域最大，说明 θ 为 0° 时低压脱扣器电压暂降敏感性最小，最不易动作；θ 为 135° 时所对应的 T_{min} 和 T_{max} 总体上均达到最小，即 θ 为 135° 时低压脱扣器的动作区域最大，不动作的区域最小，说明 θ 为 135° 时低压脱扣器电压暂降敏感性最大，最容易动作。

此外，对比电压暂降发生在前半周期（θ 范围为 0° ～180° ）和后半周期（θ 范围为 180° ～360° ）时的实验结果，可以发现低压脱扣器电压暂降敏感性不具有半波对称性。

经过包络处理和近似矩形化后，T_1～T_5 型低压脱扣器对应的 U_{max}、U_{min}、T_{max}、T_{min}，汇总如表 6-6 所示，表 6-7 给出了 T_1～T_5 型低压脱扣器电压暂降下的动作特性。

表 6-6　T_1～T_5 型低压脱扣器相应的 U_{max}、U_{min}、T_{max}、T_{min}

型号	电压幅值/%		持续时间/ms	
	U_{max}	U_{min}	T_{max}	T_{min}
T_1	50	50	45	12
T_2	40	40	205	143
T_3	35	35	278	211
T_4	50	50	158	79
T_5	50	50	50	14

表 6-7　T_1～T_5 型低压脱扣器电压暂降下的动作特性

型号	确定动作区域	确定不动作区域	模糊区域
T_1	$U<50\%U_e$ 且 $T>50$ ms	$U>50\%U_e$ 或 $T<12$ ms	$U<50\%U_e$ 且 12 ms$<T<$50 ms
T_2	$U<40\%U_e$ 且 $T>205$ ms	$U>40\%U_e$ 或 $T<143$ ms	$U<40\%U_e$ 且 143 ms$<T<$205 ms
T_3	$U<35\%U_e$ 且 $T>278$ ms	$U>35\%U_e$ 或 $T<211$ ms	$U<35\%U_e$ 且 211 ms$<T<$278 ms
T_4	$U<50\%U_e$ 且 $T>158$ ms	$U>50\%U_e$ 或 $T<79$ ms	$U<50\%U_e$ 且 79 ms$<T<$158 ms
T_5	$U<50\%U_e$ 且 $T>50$ ms	$U>50\%U_e$ 或 $T<14$ ms	$U<50\%U_e$ 且 14 ms$<T<$50 ms

对 T_1～T_5 型号低压脱扣器的电压暂降动作特性进行综合归并，可以得到能够反映所有型号低压脱扣器电压暂降动作特性的电压耐受曲线，如图 6-9 所示。

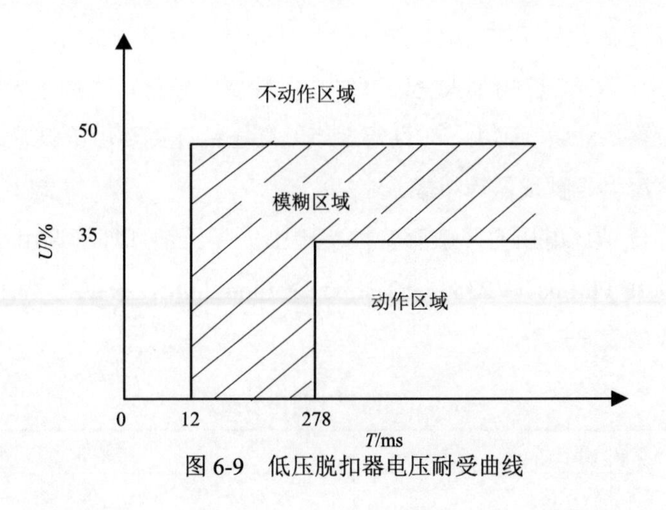

图 6-9　低压脱扣器电压耐受曲线

从图 6-9 可以看到，在不动作区域（U>50%或者 T<12 ms）中，各型号低压脱扣器均不动作；在动作区域（U<35%且 T>278 ms）中，各型号低压脱扣器均会确定动作；在模糊区域内，低压脱扣器的动作情况不确定，有的会动作，有的不会动作。

6.5　照明设备的电压暂降敏感性分析

电压暂降除了会引起计算机系统失灵、自动化装置停顿或误动、变频调速器停顿、接触器或低压脱扣器误动作等敏感负荷不必要的动作，还会造成照明设备闪烁或熄灭，严重时可造成公共场所失去照明。

灯具种类可分为：节能灯、白炽灯、荧光灯、LED 灯和气体放电灯。其主要应用场合为：①节能灯主要用于会议室、客房等场所，它们带有外配镇流器或内置小型镇流器；②白炽灯主要用于台灯、地下室照明等场所，部分白炽灯组合后安装在花灯、聚光灯内，用于舞台、会议室等场所；③荧光灯主要用于室内照明；④LED 灯主要用于景观灯、汽车灯等；⑤气体放电灯包括钠灯、金属卤化灯，主要用于路灯、球场、游泳池等户外场所。

6.5.1　试验灯具选择和具体实验步骤

下面的实验主要以功率较大、照明范围较广、熄灭后重启时间较长的高压钠灯为研究对象。

高压钠灯属于第三代节能型高强度气体放电电光源，具有高效、节能、寿命长、穿透性好、不诱虫等优点，为气体放电灯的代表，其光效可达到 150 lm/W 以上，寿命在 20000 h 以上，适用于道路、广场等大空间且对显色性要求较低、对照明要求较高的场合，已经广泛应用于道路、机场、码头、车站等地点。高压钠灯主要由电弧管、灯芯、玻壳、灯头、消气剂、镇流器、触发器等组成。

本书介绍的高压钠灯电压暂降敏感特性实验中，高压钠灯灯管选用 Philips SON-T 400W/220，灯具选用 Philips RVP350conTempo LX Floodlight，根据飞利浦官方文档数据可知其具体电参数如表 6-8 所示。

表 6-8　实验用钠灯电参数

参数名称	数值
额定功率/W	400
额定电压/V	220
灯电压/V	100
最大触发时间/s	5
运行时间(90%)*/min	5
重新触发时间/s	120

注：*为高压钠灯运行到功率因数为 90%时所需要的时间。

6.5.2　实验步骤

在实验中，首先选择几个暂降幅值和暂降持续时间的组合，通过测试不同相角下钠灯的熄灭情况，确定钠灯对暂降最敏感的相角，然后在该相角下利用实验装置模拟发生不同幅度、不同持续时间时的电压暂降，测试钠灯的耐受能力，最终确定暂降幅值和持续时间的临界值，具体实验步骤如下。

步骤 1：选择几组在钠灯亮灭临界条件下的暂降幅值和暂降持续时间，通过测试确定仅在此相角下才会导致钠灯熄灭的暂降相角，即对电压暂降最敏感的相角。测试所用暂降幅值为 190 V，暂降持续时间为 20 ms，相角测试步长为 1°，范围为 0～359°。

步骤 2：在步骤 1 所确定的最敏感暂降相角下，设置一个电压暂降幅值，调整电压暂降的持续时间，通过测试确定在上述暂降幅值下引起钠灯熄灭的暂降持续最短时间。然后调节电压的暂降幅值，再重新测试。持续时间调整步长 1 ms，范围为 1～1000 ms，暂降幅值调整步长为额定电压（U_e = 220 V）的 1%，范围为 0～95%U_e。

每种暂降信号重复实验三次，两次实验最短时间间隔不小于 2 min，熄灭后需间隔 5 min 以上，实验中记录引起熄灭发生的暂降相角、暂降幅值和持续时间，以及熄灭后恢复正常运行的重启时间。

6.5.3　实验结果分析

实验中，钠灯启动时，基波电流有效值约为 2.8 A，功率因数约为 0.36，大约 6 min 后进入稳定状态，此时电流降为 2.2 A，功率因数则升高到 0.98。在钠灯熄灭后再次启动时，约 1.5 min 后灯管开始变亮，3.5 min 后进入稳定工作状态，恢复照明。

对本实验所用高压钠灯在多组暂降幅值和暂降持续时间下测试发现，其对电压暂降最敏感的相角为 210°。在 210° 相角下测试不同暂降幅值，钠灯保持不熄灭的暂降持续最长时间如表 6-9 所示。

表 6-9　高压钠灯实验结果

暂降幅值/%	临界持续时间/ms	暂降幅值/%	临界持续时间/ms	暂降幅值/%	临界持续时间/ms
0	4	70	12	78	22
63	4	71	14	79	24
64	5	72	14	80	35
65	5	73	14	81	35
66	5	74	14	82	57
67	6	75	14	83	729
68	6	76	15	84	—
69	7	77	15	85	—

注：暂降幅值为暂降时电压幅值占额定电压的百分数；临界持续时间为钠灯保持不灭的暂降持续最长时间；“—”表示钠灯未熄灭。

由此绘制出的钠灯电压敏感度曲线如图 6-10 所示，图中非阴影部分为钠灯可以正常工作的区域，阴影部分为钠灯熄灭的区域。根据实验数据和电压耐受曲线可知，在暂降持续时间低于 5 ms 时，电压由 138 V(63%)一直降到 0 V 时，钠灯都不会熄灭，但是会产生肉眼可见的闪烁现象，在电压高于 138 V 时，钠灯熄灭所需要的暂降持续时间也会增

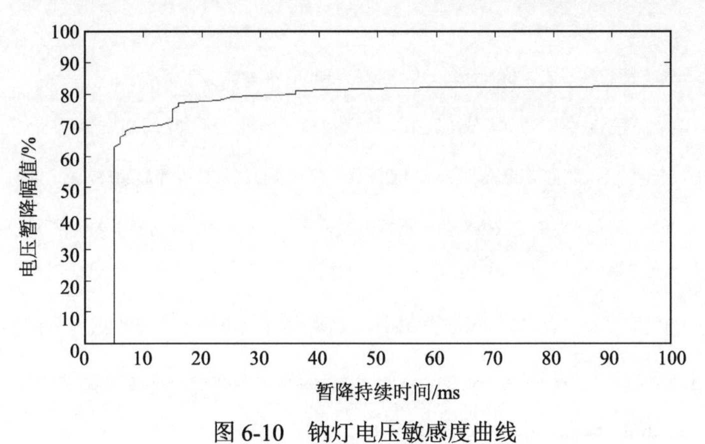

图 6-10　钠灯电压敏感度曲线

加，电压在 154 V(70%)时，暂降持续时间增加到 13 ms，电压在 176 V(80%)时，暂降持续时间增加到 36 ms，在暂降到 82%的额定电压之后，熄灭所需的暂降持续时间会迅速增大，在 185 V(84%)时，熄灭所需暂降持续时间已经超出实验测试的最长时间，而且在暂降过程中钠灯会变暗和闪烁，并伴随有一定的电流声。

6.6 本章小结

电压暂降是目前最受关注和影响最广泛的电能质量问题，其对用户尤其是工业用户的用电可靠性影响重大。针对电压暂降问题，本章介绍了南方电网地区几次主网故障引起的大范围电压暂降事故，并分析了电压暂降的产生机制，主要包括：短路故障、变压器投切和感应电动机启动。对南方电网地区的 11 家大型骨干企业进行深入调研，统计分析电压暂降发生频次及对企业用户的影响。6.3 节设计了一套电压暂降敏感特性测试平台和实验方法，可用于测试电网中或用户侧敏感设备的电压暂降耐受水平。6.4 和 6.5 节中搭建了实验平台，测试了低压脱扣器和高压钠灯的电压暂降敏感特性并绘制出设备的电压暂降耐受曲线，其中的实验操作步骤和实验结果分析处理方法可为其他设备的测试提供指导。

参考文献

[1] 陶顺，肖湘宁，刘晓娟. 电压暂降对配电系统可靠性影响及其评估指标的研究[J]. 中国电机工程学报，2005，21：66-72.

[2] 欧阳森，袁金晶，雷荣立，等. 基于计量自动化系统的低压脱扣器智能分析系统设计及其应用[J]. 低压电器，2012，21：17-19.

[3] 陶顺. 现代电力系统电能质量评估体系的研究[D]. 北京：华北电力大学，2008.

[4] 王玲，徐柏榆，王奕，等. 东莞地区负荷低压脱扣事故分析[J]. 广东电力，2013，2：30-35.

[5] 李海涛，谢伟伦，李世亨，等. 东莞电网低压脱扣器配置策略分析[J]. 科技视界，2015，1：344-345.

[6] 欧阳森，石怡理，潘维，等. 一种新的敏感负荷电压暂降敏感度评估方法[J]. 华南理工大学学报（自然科学版），2013，8：9-14.

[7] 赵剑锋，王浔，潘诗锋. 用电设备电能质量敏感度测试系统研究[J]. 中国电机工程学报，2005，25(22)：32-37.

[8] Djokic S Z，Milanovic J V，Kirschen D S. Sensitivity of AC coil contactors to voltage sags short interruptions and under voltage transients[J]. IEEE Transactions on Power Delivery，2004，19(3)：1299-1307.

[9] Djokic S Z，Stockman K，Milanovic J V. Sensitivity of AC adjustable speed drives to voltage sags short interruptions[J]. IEEE Transactions on Power Delivery，2005，20(1)：494-505.

[10] Hardi S，Daut I. Sensitivity of low voltage consumer equipment to voltage sag[C]//4th International Power Engineering and Optimization Conference，Shah Alam，Malaysia，2010：396-401.

[11] 董瑶. 考虑电压暂降波形起始点特征的交流接触器暂降敏感度分析[J]. 四川电力技术，2011，34(6)：75-77.

[12] Ou Y S，Liu P，Liu L，et al. Test and analysis on sensitivity of low-voltage releases to voltage sags[J]. IET Generation，Transmission & Distribution，2015，9(16)：2664-2671.

[13] 欧阳森，刘平，梁伟斌，等. 低压脱扣器电压暂降敏感度三维模型[J]. 电力系统自动化，2015，22：157-163.

[14] 刘平，欧阳森. 低压脱扣器电压暂降试验分析及配置策略研究[J]. 电工电能新技术，2016，1：74-80.

[15] 于希娟，李洪涛，赵贺. 照明灯具对电压暂降敏感性研究[J]. 大功率变流技术，2011，4：22-25.

[16] 史帅彬，吴彤彤，黄力鹏，等. 电压暂降对高压钠灯的影响分析[J]. 智能电网，2014，8：31-35.

[17] 全国电磁兼容标准化技术委员会. 电磁兼容-试验和测量技术-电压暂降、短时中断和电压变化的抗扰性试验：GB/T 17626.11—2008[S]. 2008.

第 7 章　智能配电网用电可靠性的提升措施研究

供电可靠性和用电可靠性二者联系紧密，却也存在面向主体和统计范围上的不同，用电可靠是建立在供电可靠的基础之上，任何提升供电可靠性的措施必然能够提升用电可靠性。但在目前的大部分情况下，供电可靠性统计范围只扩展到中压用户，在 0.4 kV 线路上针对电能供应连续性和质量的提升措施并不能够在供电可靠性统计中得到反映。此外，在智能配电网的背景之下，相比供电可靠性针对供电侧提出规范要求，用电可靠性还强调了对用户侧 DG 和储能接入的规范要求。

为突出二者的区别，本书提出的改善用电可靠性措施，均特指在 0.4 kV 线路上进行的提升电能供应连续性和质量的措施，以及对 DG 和储能等智能配电网背景下新元素的接入规范要求。

7.1　配电网用电可靠性提升需求度分析

如今电力用户对用电可靠性的要求逐步提高，不仅要求用上电，更要用好电。随着我国电力市场化改革的实施，电能的商品属性被还原，电力大用户在购电合约中都会明确提出供电可靠性和电能质量的要求。在售电市场开放的条件下，供电可靠性与电能质量更将与电力公司的经济效益直接挂钩。同时，用户的维权意识和能动性也日渐增强，对用电可靠性和购电服务水平更加敏感。越来越多的用户会根据自身需要，选择电价和可靠性均适合的供电服务。因此，电力企业需要更加注重配电网供用电可靠性，加快对配电网的规划建设和优化改造。

7.1.1　用户价值与提升优先顺序

随着各种数学方法和优化算法的应用，根据模拟法和解析法对配电系统进行可靠性定量预测的研究已经较为成熟，可在电网规划设计阶段较准确地预测评估电网可靠性水平。供电企业对电网供电可靠性的统计分析和管理工作也越来越精细化，关于停电数据、停电原因、影响因素等统计分析工作为可靠性提升措施的选择提供了有效指导。虽然可靠性预测和提升方法已得到较好解决，但目前电网仍面临着可靠性提升与投资经济性之间的抉择。在可靠性提升工作投资有限的前提下，如何有效评估每个配电网的用电可靠性提升必要性和优先级，并合理选择投资对象和投资方案，从而实现系统供电可靠性提升效果和提升价值的最大化，已成为用电可靠性规划的新要求。

随着高新技术产业的迅速发展及电力市场的逐步开放，用电负荷日趋复杂化和多样化，不同用户对供电可靠性的要求各不相同，对各类电能质量问题的敏感度也不同，使得不同用户对同一供电可靠性评估值的体验效果也不同，给供电可靠性评估工作带来较大的困难。

同时，电力供应作为一种公用事业，其可靠性价值并不能单纯采用直接经济价值来衡量，还必须考虑用户体验、社会影响等主观价值。一个配电网用电可靠提升建设的优先顺序可通过以下 3 个方面的价值来衡量。

（1）直接经济价值

直接经济价值体现了用户因停电或电能质量引起的设备无法正常工作而减少的直接经济损失。这一价值需要考虑负荷类型、经济产值、对电能质量问题的敏感特性、有无备用电源或储能等多种因素。现行方法主要以通过该地区的国民生产总值计算的单位停电损失来粗略描述。

（2）用户体验价值

用户体验价值主要描述了停电对用户的影响中涉及用户感受且没有表现为直接经济损失的部分。对大多数居民、办公等用户，由于工作的可延时和可替代性，停电一般并不会造成太大的直接经济损失。但因为空调及家用电器停用、失去照明、网络中断等后果会给用户的生活和工作造成诸多不便。提高用电可靠性带来的这类价值一般难以精确量化描述，但仍然与停电次数、时间等指标相关。

（3）社会价值

有些具有公共服务属性的用户，其停电的损失通常并非表现为用户本身的损失，而更多表现在其他相关人群的损失上。对这一类供电可靠性价值可用社会价值描述。

现阶段尚未实施可靠性电价，我国规定应享受更高供电可靠性服务的用户（被称为重要用户）基本上都是供电可靠性社会价值更高的用户，如地面交通指挥系统供电，火车站、机场、地铁站等人流密集型公共场合的照明和通风系统供电，医院的重要医疗设备供电，供水系统核心设备供电，部分政府、公安等社会管理部门供电，等等。

7.1.2　考虑对象选优的用电可靠性提升需求度评估

1. 实施对象选优的必要性

在配电网规划建设或计划改造中考虑用电可靠性与效益最大化，通常只关注规划方案或者提升措施的经济性和有效性，例如，分析配电网用电可靠性的主要影响因素，以提出最优的规划或改造方案；通过分析可靠性成本 / 效益的影响因素，获得不同提升措施对应的可靠性边际成本曲线，进而获得满足目标可靠率的最经济的可靠性提升方案。

总体而言，目前用电可靠性的改造提升工作只考虑了提升措施的选优，而未考虑用户对用电可靠性的需求差异。绝大部分可靠性提升项目都是依据供电可靠率的高低来选择提升的对象。但是地区属性不同，主体用户类型不同，对供电可靠性的需求也有所不同，并不能简单以供电可靠率指标值的高低来决定配电网可靠性提升的必要性程度。可靠性提升实施对象挑选的原则单一，没有实现“按需分配”，使得最适合的提升措施并不一定应用于最需要的对象上。

提升改造中实施对象的优化选择可以基于用电可靠性提升需求度的评估。所谓对象用电可靠性提升需求度评估就是综合用户的用电可靠性现状（包括供电持续性和电能质量）、用户的需求水平、用户价值等多个方面评估其用电可靠性提升改造的优先等级。

2. 指标设计

下面介绍一种考虑对象选优的配电网用电可靠性提升需求度评估方法。这种方法建立了供电可靠性水平、可靠性需求满足程度和用户价值三大方面评价指标，综合评估各配电网用电可靠性的提升必要性。由于监测设备和技术手段的原因，该方法的评估体系中暂未考虑电能质量因素，对用户价值的评估主要考虑用户的直接经济价值和社会价值，具体的指标体系如图 7-1 所示。

1）用电可靠率：统计时间内，所有计费用户获得可用电力供应的小时数与统计时间的比值，记作 RSL。

$$\mathrm{RSL}=\left(1-\frac{\sum t_m}{M\times T}\right)\times 100\% \tag{7-1}$$

式中，t_m 代表该配电网中第 m 个计费用户在统计时间内的总停电时间；M 代表该配电网中的计费用户总数；T 代表统计时长。

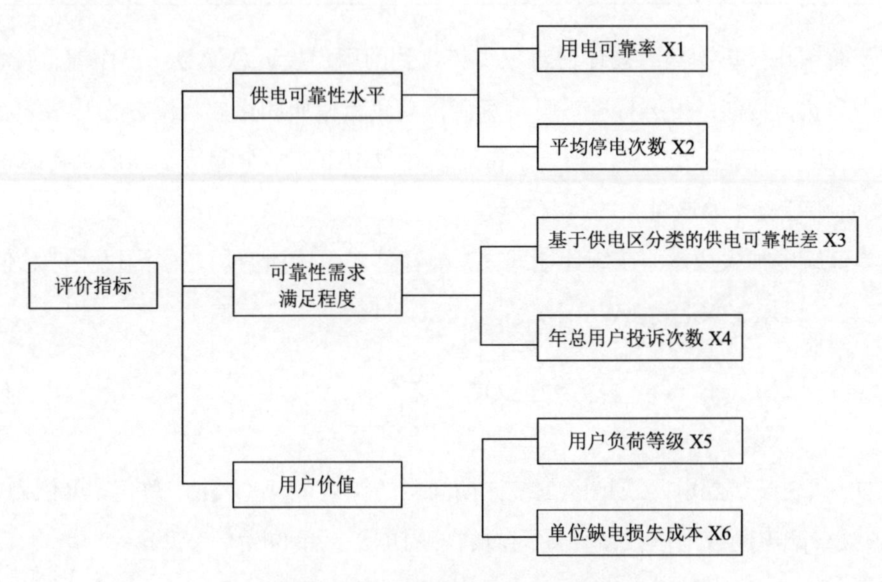

图 7-1　可靠性提升需求度评价指标

2）用户平均停电次数：所有计费用户在统计时间内的平均停电次数，记作 AITCL_{-1} (次/户)。

$$\mathrm{AITCL}_{-1}=\frac{\sum m_j}{M} \tag{7-2}$$

式中，m_j 代表在第 j 次停电时受影响的计费用户数。

3）基于供电区分类的供电可靠性差：根据被评估对象的供电区分类及其供电可靠性控制目标值，该评估对象的控制目标值与其实际统计供电可靠率的差，记作 ΔRS（%）。

$$\Delta \mathrm{RS}=\mathrm{RS}_{\mathrm{t}}-\mathrm{RS}_{-1} \tag{7-3}$$

式中，RS_{t} 代表该评估对象的供电可靠性控制目标值。

根据南方电网《110 千伏及以下配电网规划指导原则》，在配电网规划时以各供电区规划发展定位和负荷密度将供电地区分为六类，具体的分区依据已在 2.1 节中给出。而本书的供电可靠性控制目标则依据当地供电企业制定的可靠性目标值选取，如表 7-1 所示。发展规划和导则中并未提出具体控制目标的 E 类供电区，为了保证可靠性提升需求度评价的完整性，这里根据实际需求对 E 类供电区提出控制目标为供电可靠率大于 99.50%。

表 7-1　各类供电区分类的供电可靠性控制目标

	A^+类	A 类	B 类	C 类	D 类	E 类
供电可靠率/%	＞99.999	＞99.99	＞99.97	＞99.93	＞99.79	＞99.50

4）年总用户投诉次数：被评估对象每年收到的用户投诉总次数，记作 N_{uc}（次/年）。

5）用户负荷等级：根据标准，用户负荷按其负荷性质和重要程度分为特级负荷、一级负荷、二级负荷和三级负荷。当一个待评估对象中存在多个等级不同的负荷时，以其中最高的负荷等级作为该对象的负荷等级。

6）单位缺电损失成本：在统计期间内，被评估对象中所有用户的国民生产总值与总用电量之比，记作 VOC[元/(kW·h)]。

$$\mathrm{VOC}=\frac{\mathrm{GDP}}{Q} \tag{7-4}$$

式中，GDP 代表某一配电网或地区在统计期间内的国内（地区）生产总值，单位为亿元；Q 代表该某一配电网或地区在统计期间内的总用电量，单位为亿 kW·h。

3. 实施步骤

考虑对象选优的可靠性提升需求评估方法实施流程为：①收集指标数据并将其处理为无量纲的极大型归一化指标；②利用改进序关系法主客观结合地计算各项指标权重；③加权求和获得综合评价值并以此进行可靠性提升需求度排序；④考虑投资金额确定最终方案。

（1）指标归一化处理

由于用户负荷等级为非量化指标，需要对各级负荷从高等级到低等级分别采用 1、2/3、1/3、0 进行量化，即特级负荷该指标值赋值为 1，三级负荷幅值为 0。

假设有 n 个评价对象，m 项评估指标。利用离差标准化方法对原始数据 b_{ij} 进行预处理，将其化为极大型、归一化无量纲化的数据。第 i 个评估对象的第 j 项原始指标值为 b_{ij}，预处理后的指标值为 x_{ij}，x_{ij} 越大，提升需求度越高，处理公式如下。

若指标 X_j 为指标值越大越好的极大型指标，则

$$x_{ij}=\frac{b_{ij}-\min\left\{b_{ij}\right\}}{\max\left\{b_{ij}\right\}-\min\left\{b_{ij}\right\}} \tag{7-5}$$

若指标 X_j 为指标值越小越好的极小型指标，则

$$x_{ij} = \frac{\max\left\{b_{ij}\right\} - b_{ij}}{\max\left\{b_{ij}\right\} - \min\left\{b_{ij}\right\}} \tag{7-6}$$

（2）改进序关系法确定指标权重

序关系法也是一种常见的主观赋权方法，既兼顾了专家意见又能体现指标数自身数值特点，避免权重确定过程过于主观。具体算法过程如下：

1）假设有 n 个评价对象，m 项评估指标。利用极值处理法对原始数据进行预处理，将其化为极大型、归一化无量纲化的数据，得到的第 i 个评估对象的第 j 项指标值为 x_{ij}。

2）根据实际需求和专家意见确定各指标的序关系排序为：$C_1 > C_2 > \cdots > C_m$，选择相邻评估指标间的重要程度之比 r_j，具体赋值可参考表 7-2。

表 7-2　r_j 的赋值参考表

r_j	赋值意义
1.0	指标 X_{j-1} 与指标 X_j 具有相同重要性
1.2	指标 X_{j-1} 比指标 X_j 稍微重要
1.4	指标 X_{j-1} 比指标 X_j 明显重要
1.6	指标 X_{j-1} 比指标 X_j 强烈重要
1.8	指标 X_{j-1} 比指标 X_j 极端重要

3）依据传统序关系法计算各指标权重，ω_j 是根据传统序关系法确定的第 j 个指标的指标权重。

$$\omega_m = \left(1 + \sum_{j=2}^{m} \prod_{i=j}^{m} r_i\right)^{-1} \tag{7-7}$$

$$\omega_{j-1} = r_j \omega_j \left(j = m, m-1, \cdots, 2\right) \tag{7-8}$$

4）基于传统序关系法的计算结果求解每个指标的客观贡献度 c_j，并根据 c_{j-1} 与 c_j 间的客观贡献度比值 α_j 重新选择 r_j。选择表 7-2 中与 α_k 最接近的值作为新的 r'_j。

$$c_j = \frac{w_j \sum_{i=1}^{n} x_{ij}}{\sum_{j=1}^{m} w_j x_{ij}} \quad i = 1, 2, \cdots, n;\ j = 1, 2, \cdots, m \tag{7-9}$$

$$\frac{c_{j-1}}{c_j} = \alpha_j \quad j = m, m-1, \cdots, 2 \tag{7-10}$$

式中，c_j 表示第 j 个指标通过传统序关系法获得的主观评价值在所有指标总评价值中的占比，表征该指标在总评价值中的贡献度。

5）为消除强一致性，根据重要程度的递进性重新求解各指标的贡献率 c_j'，计算公式为

$$\begin{cases} \max f = \sum_{j=2}^{m}\left(c'_{j-1}c'_j\right) = c'_1 - c'_m \\ \text{s.t.}\quad c'_{j-1} - c'_j r'_j \leqslant 0, \quad j = m, m-1, \cdots, 3, 2 \\ \qquad\; c'_j - c'_{j-1} \leqslant 0, \quad j = m, m-1, \cdots, 3, 2 \\ \qquad\; c'_1 - 1.8c'_m \leqslant 0 \\ \qquad\; \sum_{j=1}^{m} c'_j = 1, \qquad j = m, m-1, \cdots, 3, 2 \end{cases} \tag{7-11}$$

6）通过上述规划问题的最优解可求得各指标贡献率 c_j' 后，计算各指标的最终权重系数，类推公式如下：

$$w'_m = \left(1 + \frac{l_m}{c'_m}\sum_{j=2}^{m}\frac{c'_{j-1}}{l_{j-1}}\right)^{-1} \tag{7-12}$$

$$\omega'_{j-1} = \omega'_j \frac{l_j c'_{j-1}}{c'_j l_{j-1}}, \quad j = m, m-1, \cdots, 2 \tag{7-13}$$

式中，$l_j = \sum_{i=1}^{n} x_{ij}$ 。

（3）实施对象提升需求度排序

利用改进序关系分析法获得的各项指标权重 w_j'，线性加权计算出各评估对象 i 的可靠性提升需求度综合评价值为 T_i，即

$$T_i = \sum_{j=1}^{m} w'_j x_{ij} \tag{7-14}$$

由于在预处理中所有指标均化为越大需求度越高的极大型指标，所以最终的综合评价值越大，说明该评估对象的可靠性提升需求度越高。将评估对象按照评估值有低到高排列即可得出可靠性提升需求度的排序，可靠性提升项目的实施对象挑选应遵循提升需求度高的评估对象优先改造。

7.1.3　应用案例

对南方电网韶关地区的 8 个 10 kV 配电网进行实例应用和分析，以验证上述基于对象选优的可靠性提升需求度评估和规划方法的有效性。

根据实际电网管理需求确定的序关系排序为 $X_3>X_1>X_6>X_4>X_2>X_5$，由专家意见主观确定的相邻评估指标间的重要程度之比 r_j（即根据排序结果的前一个指标比后一个指标重要 r_j 倍）依次为 1.6，1.4，1.2，1.0，1.4。通过改进序关系法，考虑指标数据特点对相邻评估指标间的重要程度之比进行重新选择，最终重要程度指标 r_j' 和各指标权重在表 7-3 中列出，表 7-4 给出了 8 个配电网的各项原始指标数据和可靠性提升需求度评价值。

表 7-3　改进前后指标权重计算结果对比

指标名称	基于供电区分类的供电可靠性差	用电可靠率	单位缺电损失成本	年总用户投诉次数	平均停电次数	用户负荷等级
指标编号	X_3	X_1	X_6	X_4	X_2	X_5
重要程度之比	1.8	1.4	1.0	1.0	1.8	—
序关系法确定的指标权重	0.337	0.187	0.134	0.134	0.134	0.074
改进序关系法确定的指标权重	0.2086	0.1909	0.1607	0.1518	0.1490	0.1390

可以看出，改进序关系法根据各项指标的数据特征，在保持指标重要性顺序不变的框架下对赋权结果进行了调整。传统序关系法将专家意见直接体现在权重分配上，而改进序关系法考虑了指标数据特征，使得权重与指标值的乘积对总评价值的贡献度与专家意见一致，这种方法兼顾指标重要性顺序选择的主观性和数据分布特征的客观性。

如果仅依据供电可靠性的高低来确定可靠性提升工作的实施对象和规划方案，8 个配电网的可靠性提升优先顺序应该是 D8＞D7＞D6＞D5＞D4＞D3＞D2＞D1。依据可靠性提升需求度评估值进行对象选优的排序结果为 D7＞D6＞D5＞D2＞D8＞D4＞D3＞D1。由于供电可靠率较低，基于供电区分类的供电可靠性差距较大，用户投诉次数较大，配电网 D7 成为提升需求度最高的配电网。配电网 D2 虽然供电可靠率较高，但由于单位缺电损失成本最高，用户投诉此事较多，且存在特级负荷等原因，也成了提升需求度较迫切的配电网。相反，配电网 D8 虽然供电可靠率最低，但已经优于供电企业的控制目标，而且用户投诉次数和单位缺电成本不高，因此提升需求度低于 D7。

表 7-4　各配电网原始指标数据、评估结果和改造成本

编号	用电可靠率/%	平均停电次数/(次/户)	供电区域分类	供电可靠性差/%	年总用户投诉次数/(次/年)	用户负荷等级	单位缺电损失成本/[元/(kW·h)]	提升需求度评估值
	X_1	X_2		X_3	X_4	X_5	X_6	Y
D1	99.9701	0.85	A^+	−0.0289	3	一级	18.2	0.2777
D2	99.9675	1.11	A	−0.0225	8	特级	22.5	0.5427
D3	99.9372	1.61	D	0.0072	4	一级	15.5	0.3145
D4	99.8700	3.43	E	0.0800	5	三级	14.6	0.3795
D5	99.8661	2.88	E	0.0761	10	二级	13.3	0.5539
D6	99.8501	3.09	D	−0.0799	8	一级	16.9	0.6028
D7	99.7537	4.67	E	−0.0363	9	三级	13.8	0.6741
D8	99.7361	5.13	F	0.2361	5	三级	9.7	0.4421

对比两种方法选择结果，不难发现考虑提升需求度的可靠性实施对象选优方法具有以下优势：①充分体现不同供电区域对可靠性的期望值及重视程度的差异，使用电可靠性提升工作更好地实现供电企业的供电可靠性控制目标；②考虑了配电网经济价值，可将可靠性提升带来的国民经济效益最大化；③兼顾了可靠性对负荷的重要程度和用户需求差异，能够通过可靠性提升工作大大减少客户投诉，换取更高的客户满意度。

7.2　提升供电可靠性的措施

7.2.1　合理规划配电网

以满足负荷增长和提高用电可靠性为目标，科学开展电网的整体规划，针对当地电网用电可靠性薄弱环节相应地调整规划内容。要做好负荷预测工作，合理安排电源点和变电站，充分考虑变电站的容量和位置，确保能够满足用户的用电需求并应保证足够的备用容量。做好网架的规划建设，对用电可靠性要求高的重要负荷应采用多回路供电、多分段连接、环网等可靠性高的方式供电，主网的主变和线路必须满足“*N*–1”准则，重要线路还应满足“*N*–2”准则，保证系统对用户的转供容量和能力。此外，还要对系统进行薄弱环节评估，找出可靠性差的线路，对其进行改造，可以根据需要加装隔离开关或熔断器及联络开关，从而减少因分支线路检修或故障而对主馈线造成的影响。

针对局部或单条中压线路末端低电压（低于额定电压 7%），应依次采用增大导线截面（10 kV 城市配网架空主干线截面不宜小于 185 mm^2，农村配网架空主干线截面不宜小于 120 mm^2）、加装 10 kV 并联无功补偿装置、加装 10 kV 线路双向调压器等方式治理。

7.2.2　提高配电网元件可靠性

1）提高电网元件的质量。在配电网络中，一个元件故障就可能导致下游负荷停电，单个元件可靠性的高低对用户用电可靠性有着直接影响，因此，要尽量选用可靠性高、性能良好的电网元件。

2）及时更换老旧元件。可修复元件的故障率一般呈浴盆曲线状，使用年限过长、型号老旧的设备故障率相对较高，发生故障造成用户停电的概率也比较大，对其进行及时更换可有效减少用户停电次数。

3）提高电网元件对自然灾害的抵御能力，采取有效的避雷措施。

4）提高配网线路的绝缘化率及增加电缆的使用率。运行经验表明，绝缘线路的故障率要低于裸导线，电缆线路的故障率比架空线路低。

7.2.3　降低电网故障率

1. 提高配电网绝缘水平

随着城市绿化水平的提高，电力线路与树枝的矛盾突出，城市空气高氮氧化物、高粉尘环境使得近年因树木碰线和污闪事故愈发明显。因此加强配电网电气设备的绝缘、提高线路绝缘化率很有必要。同时，可以推广架空绝缘电缆的使用，相对电缆线路的造价，架空绝缘电缆是一种经济合理的选择。

2. 防止外力破坏导致的停电事故

外力破坏是指来自电力系统之外的影响，主要由车辆破坏、施工、偷盗破坏等引起。针对车辆破坏事故，尽量减少在路口布杆，遇到不得不在路口设杆的情况，则应该在电杆或路旁易撞杆的地方采用钢杆并加装车挡等。拉线要加上醒目的标示，尽可能减少车辆撞杆、撞拉线的机会，必要时设置保护栏网。针对施工引起挖断电缆、倒杆事故，应在电缆敷设的地方设置标志，同时加强与建设施工单位的沟通，必要时要派专人到现场协调。针对偷盗破坏所造成的停电事故，加强电力设施保护条例的宣传普及教育，提高供用电设施的安全保护意识。针对鸟类、异物造成的相间短路，在接点和转角杆处将联络线更换为绝缘线，可以有效避免鸟类和异物造成的故障，耗资不大却可节约大量的人力、物力。

3. 建立配电网综合自动化系统

随着智能配电网的发展，配电网网络日益复杂、对供电的要求越来越高，传统的配网设备和管理技术不足以满足要求。选择制定符合实际配电网综合自动化系统的方案，升级改造现有配电网，实现配网自动化，一旦发生故障，自动化系统可以将故障区段自动隔离，非故障区段自动恢复供电，可使故障寻找时间缩短到几乎是零，受故障影响的客户数压缩到一个区间。

7.2.4　加强配电网运维管控水平

1）加强停电应急处理能力，提高故障响应速度，为抢修人员配备先进、便捷的工具和设备，提高工作效率，迅速安排人员前往现场抢修，缩短停电时间。

2）加强对电力用户的安全用电宣传及用电安全检查，减少因用户用电不当而引起停电。

3）合理安排状态检修，推广带电作业，降低计划停电次数和时间。

4）实行分层分区无功电压控制，避免无功潮流无序流动导致的电压和线损问题。根据线路负荷及首、末端电压时段性、季节性变化规律，优化 AVC 控制策略，动态调整无功电压控制的上限和下限值。对于不具备 AVC 的变电站，应加强母线电压和功率因数人工监控与调节。

5）按月开展配变负荷监测工作，对迎峰度夏、春节保供电等负荷高峰期应重点监测；对于出口电流不平衡度超过 15%且负载率大于 60%的配变，应调整三相负荷平衡；根据相邻台区配变负载及用户分布情况，合理调整台区供电范围，提高台区电压质量。

6）加强对用户设备的监督和指导，平衡分配新接入用户负荷，对用户接入后的电压水平进行预判，减小用户的因素对电网无功、谐波和电压等方面产生的影响。

7）加强变电站无功补偿设备和主变有载分接开关运维管理，消除无功设备缺陷，根据动作次数和运行时长合理安排电容器开关、主变有载分接开关检修。

7.3　提升用电可靠性的措施

基于目前供电可靠率的计量点一般设在中压用户侧的情况，本章通过实施措施后能否对供电可靠率起到提升作用来区分用电可靠性提升措施和供电可靠性提升措施。用于提升 10 kV 以下低压配电网电能质量的各种措施均归入到用电可靠性提升措施。与此同时，DG 作为智能配电网用户侧中的一大新元素，针对 DG 运行和接入的规范措施也一并归入用电可靠性范畴。

本节将从改善低压配电网结构、合理配置低压台区电能质量治理装置、规范分布式能源的接入和运行三个方面提出电网侧提升用电可靠性的措施。

7.3.1　改善低压配电网结构

根据第 3 章的分析，电网侧的主要用电可靠性影响因素包括供电半径、电缆化率等。另外电压偏低导致用户侧电能不可用的问题也可以通过优化低压配电网结构来解决。

1）综合考虑技术经济性，按照“小容量、密布点、短半径”原则，新增配变布点，缩短低压供电半径。

2）单相负荷相对集中且容量合适的农网区域，采用单相变压器供电，缩短低压线路供电半径。

3）配变容量及低压线路导线截面选择应综合考虑饱和负荷及供电距离，并兼顾分布式电源并网需求，一次性选择到位，避免重复建设。

4）当小截面长距离线路负载率过高时，配电网电压越下限情况严重，应首先考虑更换主干线路导线为大截面（如 LGJ-150 或以上），然后再配置无功补偿。既有利于提高电压质量，又显著降低线路有功损耗，还可以减少无功补偿容量和投资。

5）相对于更换主干线路导线，增加变电站布点方案在改善电压质量和降损方面效果更佳，尤其是应用到供电半径越大的配电线路中就越有优势，是解决农村无源长线路低电压问题的最有效办法。但变电站的造价较高，是否增加变电站布点应结合当地配电网规划和发展的需求而定。

6）对于山区含源线路，DG 出力过大时，线路电压越上限情况严重，需配置大容量的感性无功补偿装置，增加了线路损耗，此时需要考虑更换主干线路导线。

7.3.2　合理配置低压台区电能质量治理装置

针对主要电能质量问题，提出以下低压台区无功配置建议。

1）对于容量 80 kVA 及以上的配变，宜加装配变低压并联无功补偿装置，容量根据负荷特性按照配变容量的 10%～30%进行配置，无功负荷重或离变电站远的台区可适当多配。

2）对于出口电流不平衡度超过 15%、负载率大于 60%且通过管理措施难以调整的配变台区，可加装三相不平衡自动调节装置。

3）对于低压谐波、电压闪变、无功补偿容量不足、电压季节性偏高等多种问题并存的台区，可考虑配置低压配电网静止同步补偿器。

4）大功率冲击性负荷接入低压配网时，宜在其前端加装启动限流装置，消除因电机等设备启动电流过大引起的电压暂降。

线路低电压是一个严重制约配变台区用户用电可靠性的问题。对于某些常年负载率低于 30%，负荷分散、负荷季节变化大、供电半径较长的台区，增加新的配变电源点会导致配变长时间空载或轻载运行，不利于经济性。更换较大截面的导线或进行低压无功补偿是一个更加合理的选择。无功补偿单独发挥作用有限的区域，或者低压供电半径大、低电压严重的区域，可采用无功补偿与低压调压器等组合方案，提高调压能力并降低功率损耗。

在低压配电网线路中，针对低电压导致的用电可靠性问题，同时具备无功补偿和调压器优点的无功调压器（QVR）具有良好的调压和降损能力，但是非常依赖于合理的安装位置。此外，尤其是对于负荷密度较大的城中村地区，其线路首末端电压降落较大，需要足够的无功补偿配置容量支持调压。因此，本节提出 QVR 的选址定容准则，农村地区及城中村地区均按照此准则进行选址和无功补偿配置。

（1）QVR 选址准则

QVR 的主要目标是改善低电压问题，因此其选址位置受低电压范围影响，通过合理分配 QVR 的调控区域，可以尽量减小多台 QVR 调控时的相互影响。对于 QVR 的具体选址可按照以下步骤进行。

步骤 1：选取台区内所有存在低电压问题的负荷节点，根据该范围内负荷的地理位置分布将这一范围划分为两类区域，即集中型区域和独立型区域。

集中型区域即该范围内负荷分布的多条支路从同一节点引出，这一节点即为此区域内首个电压越下限点，该区域内所有负荷在地理位上相对集中。

独立型区域即该区域内仅一条支路且沿线分布多个负荷，该支路段首端电压正常而末端电压越限，各独立型区域相互间不交汇。

步骤 2：对于集中型区域，由于范围内所有负荷节点电压质量均不合格，所以 QVR 选择安装于首个电压越限点，即各支路的交汇点处；对于独立型区域，根据实际历史数据选择安装 QVR 在沿线首个电压越限位置，由于支路首端电压正常，当负荷沿线分布较均匀时，可近似认为从线路中段起首先产生电压越下限，此时 QVR 可选择安装于支路段

1/2 处。

步骤 3：根据下述定容准则选择各区域内 QVR 的容量，若 QVR 容量过大，则按照步骤 1～2 对该区域进行进一步划分，新划分区域需新增一台 QVR 并按照步骤 2 根据区域类型选择安装位置。

（2）QVR 定容准则

QVR 的主要组成部分为调压器和补偿电容器，各自容量主要受负荷容量影响。

1）调压器容量：调压器应保证其在对应的调控区域最大负荷时，其容量大于区域内存在低电压问题的用户负荷容量总和。对于多数地区，由于低压配网负荷数据无法实时监测，所以选择监测点电压最低时刻表示负荷最大时刻，在此断面下按照式（7-4）确定调压器容量 S_{T}。

$$S_{\mathrm{T}} = k \cdot \sum_{i=1}^{n} S_i \tag{7-15}$$

式中，n 为该调控区域内存在低电压问题的用户总数；S_i 为该断面下第 i 户存在低电压问题的用户负荷容量，其中 $i = 1$～n；k 为调压器定容系数，k 一般取 1.2～1.5。

2）补偿电容器容量：一般按调压器容量的 30%～60%配置，亦可根据需要自由搭配。

根据实际台区配变容量数据及用户负荷历史数据，选择 QVR 的配置组合如表 7-5 所示。

表 7-5　QVR 配置组合

调压相	调压器容量/kVA	电容器容量/kvar
单相	20	10
单相	30	10
三相	30	20
三相	60	30
三相	90	50
三相	120	60
三相	150	70

由于 QVR 的选址定容准则仅依赖于首个电压越限位置及出现低电压区域的负荷容量，而与台区类型无关，因此对农村及城中村地区均采用该调压措施解决低压配电网的低电压问题。具体地，上述“首个电压越限位置”可根据历史数据及用户投诉信息获得，也可在低电压问题严重的时间段内通过实测获得。

（3）典型台区现状分析及建模

图 7-2 显示了某市一个典型台区的网络拓扑结构，该台区共有低压用户 36 户，最长供电距离为 909 m。台区配变 S_N = 200 kVA，配变及上层电网以等值电源表示。图 7-2 中导线单位电阻 R、单位电抗 X、单位电纳 B 如表 7-6 所示。

表 7-6　导线参数

导线型号	R/(Ω/km)	X/(Ω/km)	$B\times10^{-6}$/(S/km)
BLVV-35	0.88	0.246	2.54
BLVV-70	0.44	0.224	2.62

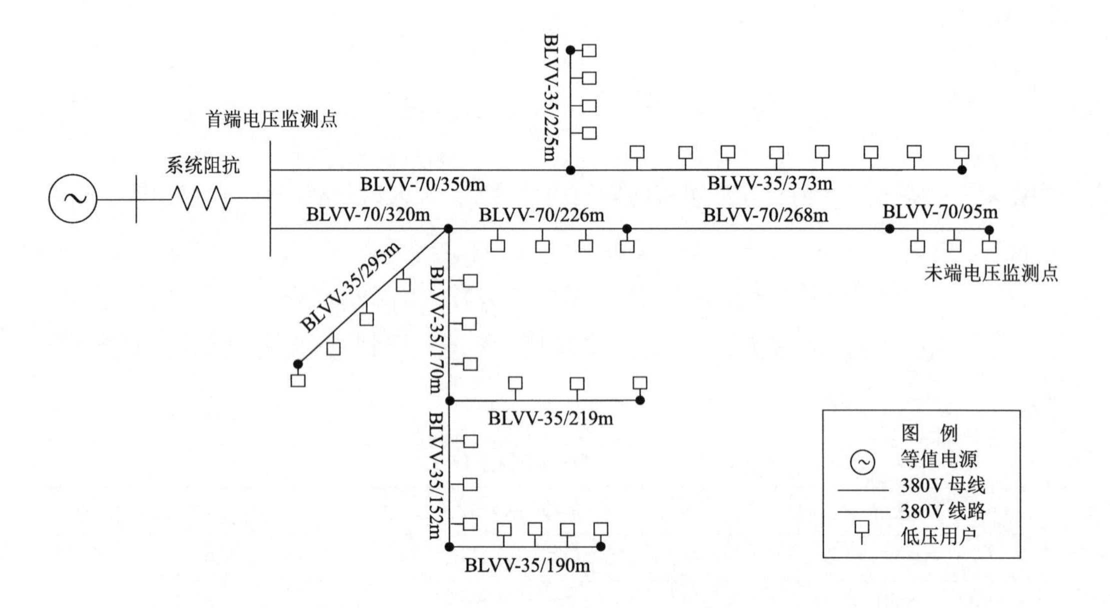

图 7-2　典型台区网络拓扑结构图

根据该地区电压监测现状，电压监测点仅安装于两处，分别位于配电线路首端（台区配变处）及最长主干线路末端，此外，由于低压配网用户负荷难以精确采集到每一户，且同一支路上的用电负荷分布各有差异，所以为进一步简化网络模型，将各支路上负荷均等效至支路末端的负荷节点，形成如图 7-3 所示的 14 节点等值模型。各负荷节点命名为节点 1～12 并依次对应图中节点电压为 V_1～V_{12}，其中节点 11 为末端电压监测点。令线路首端监测点为节点 0，其对应节点电压为 V_0，平衡节点电压为 V_{bal}。

该台区电压在夏季最大负荷（夏大）运行方式下越下限情况最为严重，表 7-7 显示了夏大方式下该台区线路首末端监测点在 24 h 内每个整点的电压运行数据。

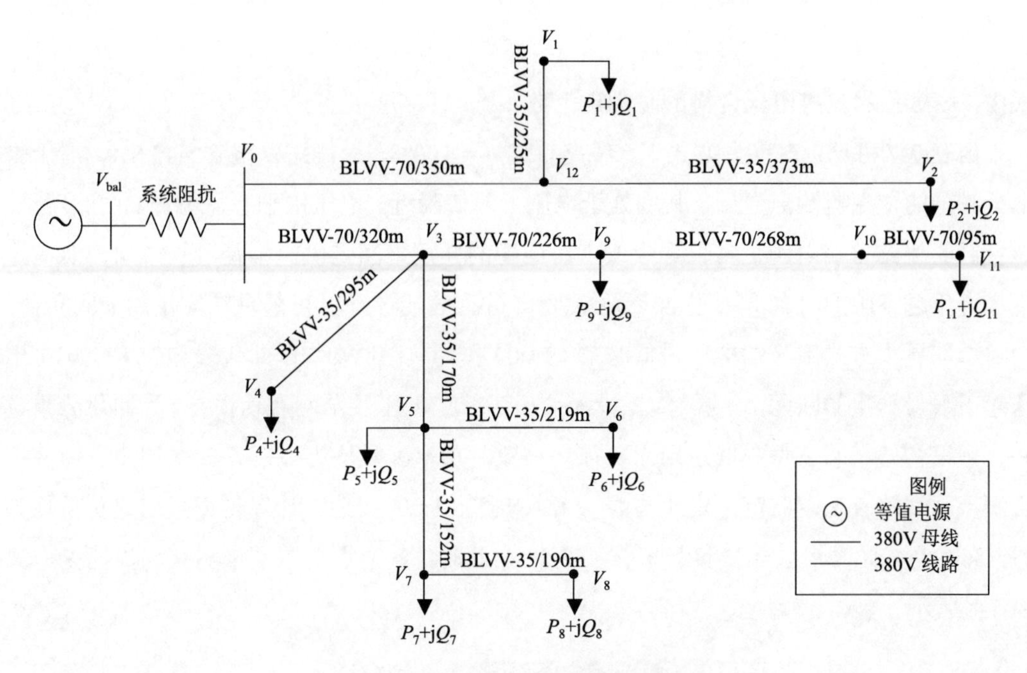

图 7-3　典型台区 14 节点等值模型

表 7-7　夏大方式首末端监测点电压

首端电压监测点							
时刻点	V_0/V	时刻点	V_0/V	时刻点	V_0/V	时刻点	V_0/V
1:00	387.46	7:00	382.61	13:00	385.29	19:00	394.16
2:00	386.73	8:00	395.32	14:00	388.27	20:00	386.13
3:00	389.43	9:00	386.58	15:00	387.63	21:00	386.78
4:00	390.37	10:00	387.03	16:00	389.50	22:00	390.09
5:00	394.73	11:00	384.98	17:00	385.99	23:00	386.61
6:00	390.04	12:00	381.64	18:00	394.11	24:00	392.12
末端电压监测点							
时刻点	V_{11}/V	时刻点	V_{11}/V	时刻点	V_{11}/V	时刻点	V_{11}/V
1:00	332.50	7:00	354.31	13:00	359.33	19:00	385.17
2:00	351.03	8:00	361.05	14:00	342.55	20:00	347.26
3:00	351.05	9:00	360.06	15:00	349.30	21:00	340.76
4:00	340.61	10:00	374.69	16:00	370.21	22:00	347.28
5:00	367.49	11:00	367.02	17:00	357.79	23:00	332.52
6:00	359.54	12:00	361.13	18:00	365.36	24:00	351.52

定义电压合格率 δ 如式（7-16）所示：

$$\delta = \frac{\varepsilon}{24} \tag{7-16}$$

式中，ε 表示 24 h 内电压合格的时刻点个数。

由表 7-7 可见，在夏大方式下，线路首端 $\delta = 100\%$，而线路末端 $\delta = 45.8\%$，对于大部分时刻的末端监测点电压，其均处于电压下限值附近，电压水平总体偏低。由此可见，该台区的线路首端电压正常，导致低电压问题的主要来源是供电半径过长或用户负荷过重。电压越下限的时刻集中于 20:00～次日 4:00，表明该地区可能具有较重的夜间负荷。

选取夏大方式下末端电压最低时刻（1:00）作为典型时刻，以此代表该台区全年中电压越下限最严重的断面，分析 QVR 投入前后各节点电压及全网有功损耗。为简化分析过程，假设初始状态下每户低压用户负荷均一致，功率因数均为 0.85，改变用户负荷并拟合潮流至线路首末端监测点电压与表 7-6 中时刻 1:00 一致，计算得每户用户负荷均为 3+1.86jkVA，此时台区配变负载率 $\beta = 63.5\%$。此时，各节点电压及全网有功损耗 P_{loss} 如表 7-8 所示。

表 7-8　节点电压及网损（初始状态）

V_0/V	V_1/V	V_2/V	V_3/V	V_4/V	V_5/V	V_6/V
387.46	357.52	338.00	345.43	334.56	323.47	317.09
V_7/V	V_8/V	V_9/V	V_{10}/V	V_{11}/V	V_{12}/V	P_{loss}/kW
312.81	305.12	337.26	333.07	332.59	365.27	20.19

由表 7-8 可见，初始状态下，节点 2～11 均出现严重的电压越下限，且电压最低点出现在节点 8，表明供电距离最远的负荷节点并不一定是电压最低点。这主要是由于节点 3～8 处用户数量大，同时，在该区域配电线路采用 BLVV-35，其导线阻抗大，导致沿线电压损耗更大。

（4）QVR 应用仿真

如图 7-4 所示，根据 QVR 选址准则，首先将电压越限区域划分为 2 类（图 7-4 中虚线所示），并在两条主干线路上各自安装 1 台 QVR，分别命名为 QVR_1 及 QVR_2。由于节点 3～11 处于同一主干线的多条支路上，其用户负荷在地理位置上相对集中，属于集中型区域，所以将这 9 个节点及其互联的网络命名为区域 2，由 QVR_2 完成电压调节，QVR_2 选择安装在首个电压越限点（节点 3）处。由于节点 2 与节点 12 由单条配电线路连接，而节点 12 电压合格，属于独立型区域，由 QVR_1 完成电压调节，QVR_1 选择安装在该线路 1/2 处。

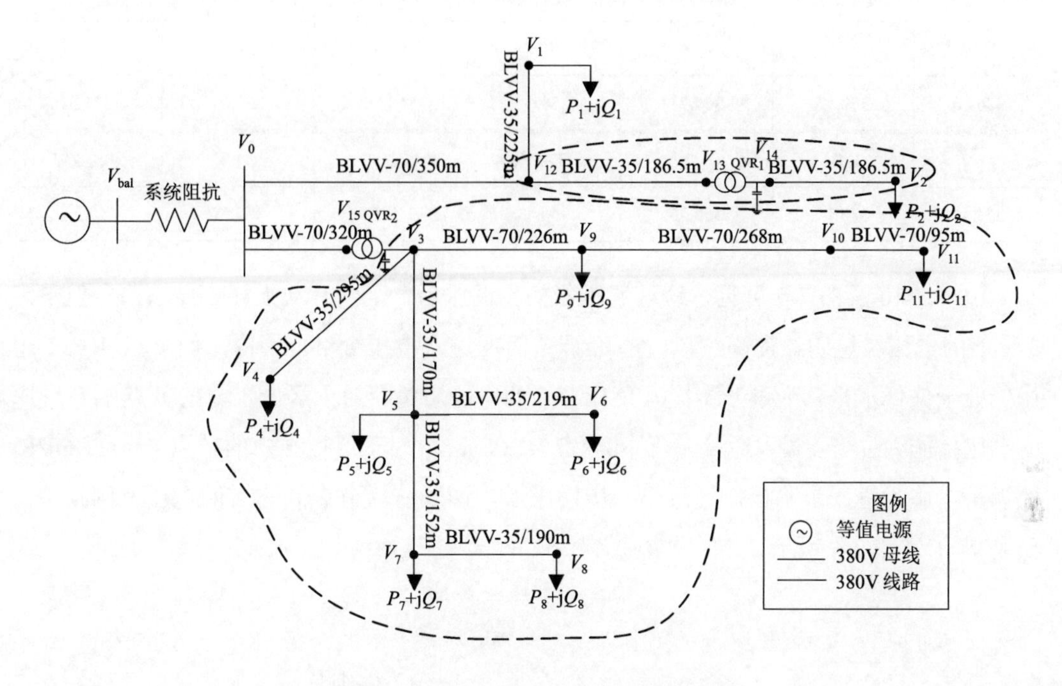

图 7-4 典型台区安装 QVR 等值模型

根据 QVR 定容准则，区域 1（独立型区域）内共低压用户 8 户并近似认为从线路中段起首先产生电压越限，则在 QVR_1 的调控区域内存在低电压问题的用户数为 4 户，每户负荷容量 3.53kVA，并取 $k=1.5$。根据式（7-15）计算得 $S_T=21.18$kVA，对照表 7-5，选择 QVR_1 中 $S_T=30$kVA、$Q_c=20$kvar。

区域 2（集中型区域）内共低压用户 24 户，全部存在低电压问题，每户负荷容量 3.53kVA，并取 $k=1.5$。根据式（7-15）计算得 $S_T=127.08$kVA，对照表 7-5，选择 QVR_2 中 $S_T=150$kVA、$Q_c=70$kvar。

以上 QVR_1 与 QVR_2 内调压器均采用 380±2×5%挡位，其参数如表 7-9 所示。

表 7-9 QVR 参数

短路损耗/kW	短路电压百分比/%	空载损耗/kW	空载电流百分比/%
0.2	4	0.02	1

由表 7-9 可见，由于末端监测点（节点 11）电压的越下限幅度达到 12.47%，而节点 8 的越限幅度更是高达 19.74%，总体越限幅度较大，所以优先考虑采用 QVR 中的调压器调压。对 QVR_1 及 QVR_2 均采用调压器降 1 挡作为初步调压措施，调压前后节点 0～12 的电压及网损 P_{loss} 如表 7-10 及图 7-5 所示。

表 7-10　节点电压及网损（初步调压）

V_0/V	V_1/V	V_2/V	V_3/V	V_4/V	V_5/V	V_6/V
386.46	357.52	355.73	358.61	348.16	337.63	331.53
V_7/V	V_8/V	V_9/V	V_{10}/V	V_{11}/V	V_{12}/V	P_{loss}/kW
327.46	320.13	350.76	346.73	345.31	365.27	19.96

由表 7-10 及图 7-5 可见，经过调压器初步调压后，全网有功损耗略微下降，但节点 2～11 的电压质量明显提高。V_2、V_3 经调整后已进入电压合格范围内，但节点 4～11 电压仍处于偏低水平。为进一步提升负荷节点的电能质量，对于区域 1 内的节点 2，QVR_1 的调压措施为进一步投入适量无功补偿（$Q_c = 20$kvar）；对于区域 2 内的节点 4～11，QVR_2 的调压措施为进一步降挡。经过第二步调压后，调压前后节点 0～12 的电压及网损 P_{loss} 如表 7-11 及图 7-6 所示。

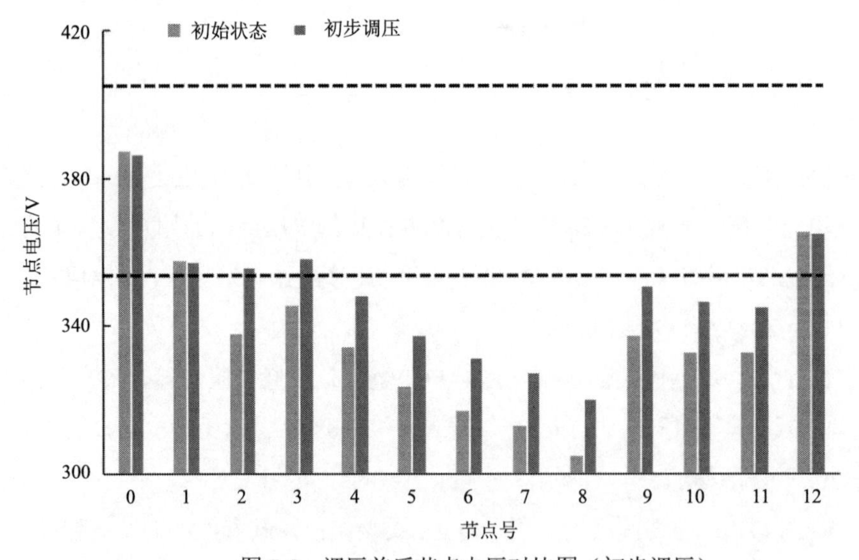

图 7-5　调压前后节点电压对比图（初步调压）

表 7-11　节点电压及网损（第二步调压）

V_0/V	V_1/V	V_2/V	V_3/V	V_4/V	V_5/V	V_6/V
386.49	362.32	365.71	379.58	369.74	359.99	354.28
V_7/V	V_8/V	V_9/V	V_{10}/V	V_{11}/V	V_{12}/V	P_{loss}/kW
350.50	343.68	372.19	368.40	367.06	369.96	18.02

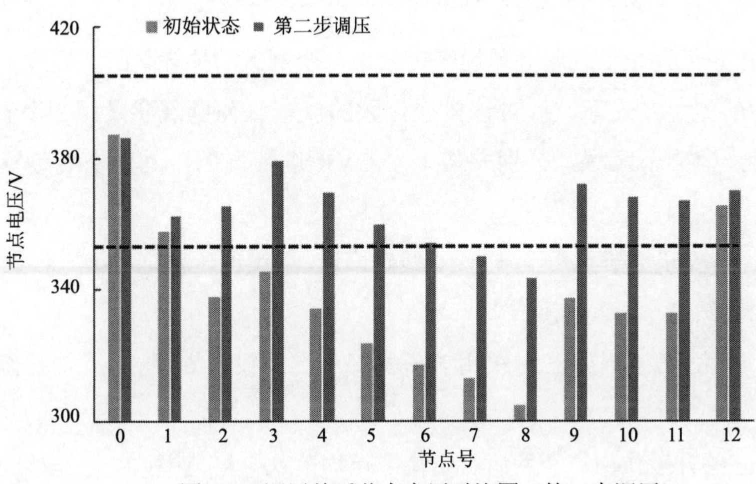

图 7-6　调压前后节点电压对比图（第二步调压）

表 7-12　节点电压及网损（第三步调压）

V_0/V	V_1/V	V_2/V	V_3/V	V_4/V	V_5/V	V_6/V
386.58	362.42	365.82	399.38	390.06	380.93	375.54
V_7/V	V_8/V	V_9/V	V_{10}/V	V_{11}/V	V_{12}/V	P_{loss}/kW
372.01	365.59	392.38	388.79	387.52	370.06	14.43

由表 7-11 及图 7-6 可见，经过第二步调压后，仅节点 7～8 电压仍位于合格范围以下，且越限幅度较小。此外，由于无功补偿装置投入导致全网有功损耗明显降低。对于区域 2 内的节点 7～8，QVR_2 的进一步调压措施为投入适量无功补偿（$Q_c = 60$kvar）。经过第三步调压后，调压前后节点 0～12 的电压及网损 P_{loss} 如表 7-12 及图 7-7 所示。

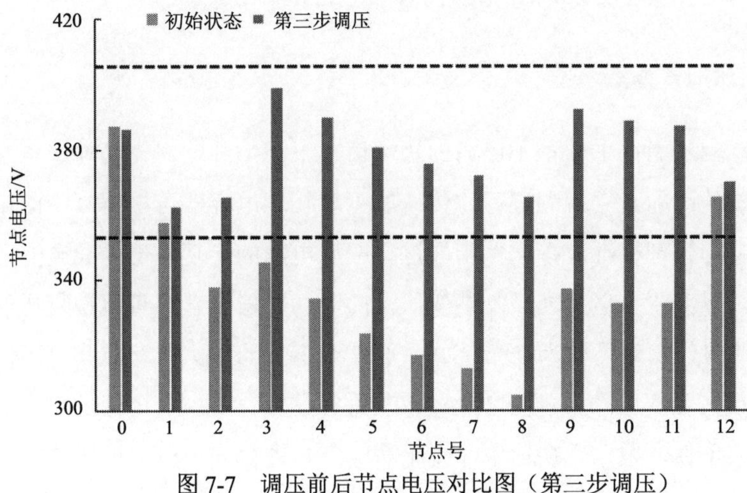

图 7-7　调压前后节点电压对比图（第三步调压）

可见，经过第三步调压后，所有节点电压均得到明显改善并全部落入合格范围以内，且均距离电压合格范围下限仍有一定的调节裕度。此外，由于两次投入无功补偿装置，对 2 个区域内的用户无功负荷均起到就地平衡效果，全网有功损耗得到大幅度下降。

综上所述，在夏大方式下，针对该典型台区的低电压问题现状及用户负荷分布，将低电压范围划分为 2 个区域，分别安装 1 台 QVR 进行调压，具体安装位置及调压措施为：

1）对 QVR_1，其安装于节点 2 至节点 12 线路中段，采用调压器降 1 挡并投入 20 kvar 无功补偿的调压措施；

2）对 QVR_2，其安装于节点 3，采用调压器降 2 挡并投入 60 kvar 无功补偿的调压措施。

经 2 台 QVR 的升压作用，全网所有负荷节点均落入合格范围内，且全网有功损耗得到显著改善，表明 QVR 在实际应用中具备良好的调压效果和降损效果。

QVR 借助调压器和补偿电容器的相互配合，可以适用于各种幅度的升压要求。针对其他存在低电压问题的时刻点，按照上述步骤合理划分电压越限区域，并采用多台 QVR 分别对各区域采用独立的调压措施，同样可以取得显著的升压效果，在此不再赘述。此外，QVR 具备较高的节能潜力，通过为 QVR 设置合理的动作条件或闭锁条件，实现多台 QVR 间的相互协调配合，能够进一步在负荷波动较大的地区避免 QVR 的频繁动作问题。

7.3.3 规范分布式能源的接入和运行

1. 适应分布式能源接入的综合无功规划配置方法

（1）静态无功配置方法

静态无功配置应考虑在 DG 都不出力的极端情况下配电线路对无功补偿电容器的需求进行规划，即按传统的无功规划进行。传统的无功补偿电容器可根据《中国南方电网电压质量和无功电力管理标准》等文件指导进行：配电网的无功补偿以配电变压器低压侧集中补偿为主，以高压补偿为辅。配电变压器的无功补偿装置容量可按变压器最大负载率为 75%，负荷自然功率因数为 0.85 考虑，补偿到变压器最大负荷时其高压侧功率因数不低于 0.95，或按照变压器容量的 20%～40%进行配置。配电变压器的电容器组还应装设以电压为约束条件，根据无功功率（或无功电流）进行分组自动投切的控制装置。

也可参照文献[3]的相关结论进行配置，现将该文献的配置方案介绍如下：

1）城区电缆线路无功配置率推荐方案。城区电缆线路在不同负荷情况下配变无功补偿配置率范围如表 7-13 所示。

表 7-13　城区电缆线路不同负荷情况下推荐配变无功补偿配置率范围

功率因数 \ 配置率/% \ 负载率/%	20	30	40	50	60
0.75	16～24	22～30	29～38	37～46	44～54
0.80	11～18	17～25	23～31	29～38	35～44
0.85	6～13	12～20	18～26	24～33	30～39
0.90	3～10	7～14	13～21	19～27	25～34
0.95	0～6	4～11	8～15	14～22	20～28

2）城镇架空线路无功配置率推荐方案。城镇架空线路在不同负荷情况下配变无功补偿配置率范围如表 7-14 所示。

表 7-14　城镇架空线路不同负荷情况下推荐配变无功补偿配置率范围

功率因数 \ 配置率/% \ 负载率/%	20	30	40	50	60
0.75	18～27	26～35	35～44	43～52	52～63
0.80	14～22	22～30	29～37	37～46	46～55
0.85	8～16	16～24	24～32	32～40	40～48
0.90	5～12	12～20	18～26	24～32	30～38
0.95	0～8	6～14	12～20	18～26	24～32

注：表中主干长度取基态值 5 km，其变化对无功配置的影响，可结合对应的灵敏度 $\lambda_L \approx +0.40\%$相应增减。

3）农村型线路无功配置率推荐方案。农村型线路在不同负荷情况下配变无功补偿配置率范围如表 7-15 所示。

表 7-15　农村型线路不同负荷情况下推荐配变无功补偿配置率范围

功率因数 \ 配置率/% \ 负载率/%	10	20	30	40	50
0.75	9～17	16～24	23～31	30～38	37～45
0.80	5～13	12～20	19～27	26～34	33～41
0.85	0～9	8～16	15～23	23～30	30～39
0.90	0～5	4～12	11～19	18～26	25～33
0.95	0～5	0～8	7～15	14～22	21～29

注：表中主干长度取基态值 10 km，其变化对无功配置的影响，可结合对应的灵敏度 $\lambda_L \approx +0.30\%$相应增减。

（2）动态无功配置方法

动态无功规划则主要是以 D-STATCOM 为配置对象，目的是抑制 DG 接入前后出力变化造成的短期内节点电压波动。图 7-8 中的馈线模型为研究对象，在该馈线模型中，6

个负荷节点的配变容量都为 1000 kVA。

DG 的接入位置对其引起的节点电压抬升和波动影响效果较大，考虑目前 DG 大多数是以中低压的方式在配电线路中末端接入，为了减少无功配置规划的数据量和计算复杂程度，同时也为系统运行预留一定的规划配置裕度，因此在进行无功规划时可以考虑统一把 DG 按照在线路末端接入来进行无功配置。

目前研究表明，配变负载率、负荷分布方式对 DG 接入造成的电压波动影响甚微，因此在进行动态无功配置规划时可将其作为一个无关变量考虑，在进行动态无功规划时可主要考虑 DG 接入容量、线路长度和横截面积三个参数。

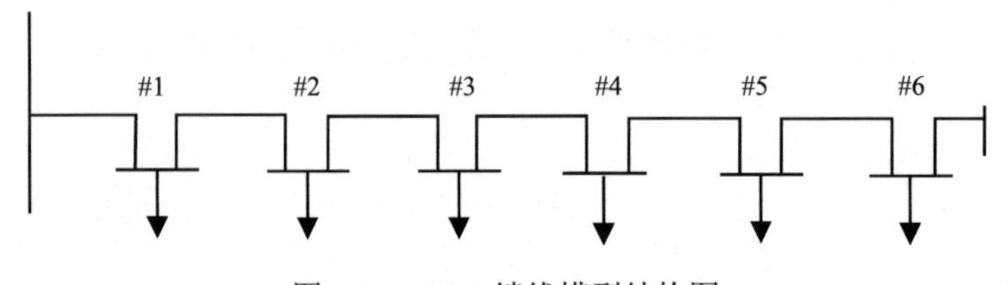

图 7-8　10 kV 馈线模型结构图

1）主干线长度对 D-STATCOM 的需求分析。

设定线路配变的平均负载率为 30%，负荷功率因数为 0.9，并在线路末端节点接入容量为 3 MW 的 DG，线路的主干长度从 4 km 逐步增加到 14 km，仿真线路的主干线路横截面积分别为 185 mm^2、240 mm^2 和 300 mm^2，考察 DG 接入前后并网点的电压波动变化，并通过试探法和潮流计算得到在不同主干长度下抑制电压波动所需的 D-STATCOM 容量，具体结果如表 7-16 所示。

表 7-16　不同主干长度下的电压波动及 D-STATCOM 容量需求表

主干线截面积/mm^2	主干长度/km	4	6	8	10	12	14
185	DG 接入前电压/kV	10.209	10.163	10.116	10.069	10.022	9.974
	DG 接入后电压/kV	10.400	10.443	10.482	10.518	10.550	10.578
	电压波动/kV	0.191	0.280	0.366	0.449	0.528	0.604
	D-STATCOM 容量需求/kvar	1280	1240	1210	1170	1135	1100
240	DG 接入前电压/kV	10.220	10.179	10.139	10.097	10.055	10.013
	DG 接入后电压/kV	10.367	10.395	10.419	10.439	10.456	10.469
	电压波动/kV	0.147	0.216	0.280	0.342	0.401	0.456
	D-STATCOM 容量需求/kvar	999	973	937	910	879	847
300	DG 接入前电压/kV	10.228	10.191	10.154	10.117	10.079	10.041
	DG 接入后电压/kV	10.346	10.363	10.377	10.388	10.395	10.398
	电压波动/kV	0.118	0.172	0.223	0.271	0.316	0.357
	D-STATCOM 容量需求/kvar	802	783	753	726	698	670

2）DG 容量对 D-STATCOM 的需求分析。

设定仿真线路主干长度为 6 km，线路配变的平均负载率为 30%，负荷功率因数为 0.9，并在线路末端节点接入不同容量的 DG，其容量从 1 MW 逐步增加到 7 MW，仿真线路的主干线路横截面积分别为 185 mm^2、240 mm^2 和 300 mm^2，考察 DG 接入前后并网点的电压波动变化，并通过试探法和潮流计算得到在不同 DG 容量下抑制电压波动所需的 D-STATCOM 容量，具体结果如表 7-17 所示。

表 7-17　不同 DG 容量下的电压波动及 D-STATCOM 容量需求表

主干线截面积/mm^2	DG 容量/MW	1	2	3	4	5	6	7
185	DG 接入前电压/kV	10.163	10.163	10.163	10.163	10.163	10.163	10.163
	DG 接入后电压/kV	10.263	10.356	10.443	10.524	10.601	10.672	10.738
	电压波动/kV	0.100	0.193	0.280	0.361	0.438	0.509	0.575
	D-STATCOM 容量需求/kvar	445	860	1240	1600	1927	2227	2500
240	DG 接入前电压/kV	10.179	10.179	10.179	10.179	10.179	10.179	10.179
	DG 接入后电压/kV	10.257	10.328	10.395	10.456	10.512	10.563	10.610
	电压波动/kV	0.078	0.149	0.216	0.277	0.333	0.384	0.431
	D-STATCOM 容量需求/kvar	350	673	973	1243	1492	1712	1908
300	DG 接入前电压/kV	10.191	10.191	10.191	10.191	10.191	10.191	10.191
	DG 接入后电压/kV	10.254	10.311	10.363	10.411	10.453	10.492	10.525
	电压波动/kV	0.063	0.120	0.172	0.220	0.262	0.301	0.334
	D-STATCOM 容量需求/kvar	282	546	783	997	1183	1350	1490

本书采用电压和潮流公式推导和灵敏度分析的方法，通过 MATLAB 多元线性回归函数拟合得到含分布式电源的配电网 D-STATCOM 容量配置推荐公式：

$$Y = 262X_{\mathrm{c}} - 14.3X_{\mathrm{l}} + 3090.5X_{\mathrm{r}} - 837.7 \tag{7-17}$$

式中，X_{c}、X_{l} 和 X_{r} 分别为 DG 接入容量、主干线长度和主干线的阻抗比；Y 为抑制该 DG 可造成的最大电压波动所需要配置的 D-STATCOM 容量。在数据允许、可以精确计算进行规划的条件下，可以综合考虑 DG 接入容量、线路长度和横截面积三个主要影响因素，利用推荐配置公式进行配置容量计算。

在数据缺省、计算不便的条件下，可按照 DG 单台接入容量大概进行动态无功配置，如表 7-18 所示。

表 7-18　单台 DG 所需 D-STATCOM 容量配置推荐表

单台 DG 容量/MW	1	2	3	4	5	6	7
D-STATCOM 配置建议/kvar	300～500	500～800	800～1200	1000～1600	1200～2000	1400～2200	1500～2500

2. 适应分布式能源接入的储能容量配置建议

本书对智能配网中储能的电压调节机制和效果进行研究，建立模型对含分布式能源的配电网的不同情况对储能的容量需求配置进行研究，给出了含分布式能源的配电网储能容量配置建议。

1）分布式能源发电出力的波动性将引起节点电压的波动，其中，分布式能源接入点的电压波动最剧烈，甚至出现电压越限的情况。在分布式能源接入点处配置一定容量的储能有助于提高电网对分布式能源的消纳能力。

2）含分布式能源的配电网的储能需求与分布式能源的接入容量有关，分布式能源接入容量越大，对储能需求越明显，所需的储能容量也越大；局部负荷越接近分布式能源接入点，负荷接入点的电压波动就越大，对储能的需求也越大；附近变电站与分布式能源接入点的距离也影响着含分布式能源配电网对储能的需求，当分布式能源接入点距离附近变电站较远时（即分布式能源处于偏远地区），分布式能源的波动性对节点电压波动的影响越大，电压质量越差。这时，对储能需求也越大。

对于 MW 级的分布式能源电站，如果其上送至电网的高峰功率达到 10 MW 以上时，则需要引起重视，需要对具体单条线路进行潮流分析及电能质量分析，研究配置储能的必要性。配置储能可以根据分布式能源的接入位置、局部负荷的接入位置、分布式能源接入点与附近变电站的距离等因素综合考虑，可暂时按装机容量的 20%～30%配置储能，维持时间按 2～3 h 考虑；对于 MW 级以下的分布式能源电站，则根据实际电网消纳能力（包括线路是否过载、电能质量情况）确定是否需要配置储能。

7.4　本章小结

本章提出了考虑对象选优的用电可靠性提升需求度评估方法，综合用户的用电可靠性现状（包括供电持续性和电能质量）、用户的需求水平、用户价值等多个方面评估其用电可靠性提升改造的优先等级。此外，按照现阶段供电可靠性和用电可靠性在统计范围和面向主体的差异，分别提出了供电可靠性提升措施和用电可靠性提升措施。

参 考 文 献

[1] 蔡政权，刘至锋，管霖，等. 基于可靠性需求的电力客户细分和可靠性价值评估方法[J]. 广东电力，2015，5：44-50.

[2] 中华人民共和国住房和城乡建设部. 供配电系统设计规范：GB 50052—2009 [S]. 2009.

[3] 广东电网公司. 广东电网配电网无功补偿配置研究[R]. 广州，2013.

第 8 章　能源互联网背景下的用电可靠性研究

8.1　能源互联网的形态与特征

能源互联网是综合运用先进电力电子技术、信息技术和智能管理技术，将大量由分布式能量采集装置、分布式能量储存装置和各种类型负载构成的新型电力网络、石油网络、天然气网络等能源节点互联起来，以实现能量双向流动的能量对等交换与共享网络，是一种互联网与能源生产、传输、存储、消费及能源市场深度融合的能源产业发展新形态，具有设备智能、多能协同、信息对称、供需分散、系统扁平、交易开放等主要特征。美国著名学者杰里米·里夫金（Jeremy Rifkin）在其《第三次工业革命》一书中，首先提出了能源互联网的愿景。里夫金预言，以新能源技术和信息技术的深入结合为特征的一种新的能源利用体系，即“能源互联网”即将出现。而以能源互联网为核心的第三次工业革命将给人类社会的经济发展模式与生活方式带来深远影响。里夫金认为能源互联网有以下特征：

1）支持由化石能源向可再生能源转变；

2）支持大规模分布式电源的接入；

3）支持大规模氢储能及其他储能设备的接入；

4）利用互联网技术改造电力系统；

5）支持向电气化交通的转型。

从上述特征可以看出，里夫金所倡导的能源互联网的内涵主要是利用互联网技术实现广域内的电源、储能设备与负荷的协调；最终目的是实现由集中式化石能源利用向分布式可再生能源利用的转变。近年来，可再生能源、分布式发电、智能电网、直流输电、储能、电动汽车等新能源技术与物联网、大数据、移动互联网等信息技术的不断发展，为第三次工业革命奠定了坚实基础。能源技术和信息技术的深度融合，即形成了能源互联网。

能源互联网强调智能电网和能源网的融合，以电力为核心，涵盖供电、供热、供冷、供气、电气化交通等多个复杂系统，进而形成综合能源网络，目标是通过能源技术与信息技术的深度融合，推动能源绿色化和用能高效化。它应以大电网为主干网，电力是实现各能源网络有机互联的枢纽。

随着分布式、可再生能源的普及，传统的能源消费者（consumer）将有很大机会既能消费能源，又有能力产生能源向外出售，从而成为“能源产消者”（prosumer）。目前中国的产销合一者光伏发电并网电量占到了光伏总发电量的 12.5%；另外，各种插电式的电动车在 V2G（汽车与电网之间的能量双向流动）机制下同样可以成为产销合一者。以上机制都将使得用户的传统被动用能的模式产生转变，必将催生新的能源消费模式。

随着能源互联网的发展在能源消费侧，用户关于不同形式能源的需求是可调整、可转化的。与中国其他产业的消费者一样，能源用户也必将会呈现出互联网用户的物质——即寻找最优平台、热衷于体验、关注自我价值。这一趋势必将成为驱动各类能源互联网商业模式进化的重要驱动力。在能源互联网的大生态圈之中，智能电表、智能家居等硬件都将迅速发展，这与传统的单纯被动用能的模式是截然不同。能源用户也将力求追求更好的经济效果和用户体验，对能源产品的经济性与可靠性提出更高的要求。

随着传统化石能源的逐渐枯竭及环境污染问题的日渐加剧，人们对清洁、可再生能源的需求日趋提高[1-4]。现阶段人们对可再生能源（风能、太阳能等）的利用，主要是将其转化为电能，或通过电网进行消纳，或直接供当地负荷使用。智能电网的提出，目的之一也是为了解决由于新能源并网带来的调峰问题及传统电网适应性不够的问题，以推动经济、环保、安全、高效新型电网的建设[5, 6]。

智能电网发展的同时，能源危机、互联网技术革命启示着人们：不能仅依靠建设智能电网来解决能源的利用问题，水、气、热等所有可发展的能源网络都应参与协调统一优化[7, 8]。

2011 年，里夫金在《第三次工业革命》一书中用“能源互联网”（Energy Internet）一词阐述了第三次工业革命中，以新能源技术和信息技术深入结合为特征的、一种新的能源利用体系[9]。我国则在“十二五”期间提出发展智能能源网，并将其作为新一轮提高能源利用效率的平台[7]；2016 年 7 月国务院进一步提出“互联网+智慧能源”的发展思路，希望通过互联网技术推进能源生产与消费模式变革，促进节能减排。“能源互联网”“智能能源网”“互联网+智慧能源”等概念的提出，实质为推动智能电网与其他能源网络的深度融合，特别是在互联网技术下信息层面的融合，将现有的电力、冷/热气、天然气等单一运转的无协调的能源网络转变为高效互动的创新网络。

那么，何为智能电网与能源网络融合的驱动力所在？它们会有哪些可能的融合模式？造成这种融合模式的关键技术/约束条件是什么？本章将深入探讨上述问题。

8.2 智能电网与能源网融合的驱动力

近来“能源互联网”成为国内研究热点，其探讨的实质为智能电网与其他能源网之间的融合问题。基于相关文献对能源互联网的描述[9-12]，本章所述的能源网主要是指与智能电网相融合的能源传输网络，包括了天然气网、冷/热网、氢能源网、智能交通网等。智能电网与能源网融合的驱动力如下描述。

8.2.1 可再生新能源为主导的能源产销模式

大力开发可再生新能源是解决能源可持续发展的重要技术路线。美国能源部在《可再生能源电力未来研究》中提出 2050 年可再生能源在电网的渗透率将达到 80%；欧盟于《2050 年能源路线图》中亦指出至 2050 年可再生能源将占全部能源消费的 55%以上[13]。

智能电网仅支持电力能源，强调主骨干网架的优化，是对传统电网的继承和改造[5, 6]。随着大量可再生分布能源生产基地的建设，集能源消费与能源生产于一体的能源产消者（prosumers）的出现，可再生能源的广域分布、即插即用、高度渗透，对主干网大系统的影响将越来越显著，智能电网所考虑的分布式电源局部协调通常是不够的[12]。因此，大规模可再生能源的消纳、产销者对能源的个性化利用将催生智能电网扩大其互联范围，实现智能电网与能源网的深度融合。综合物理融合和信息融合的优势、广域分布式能源的时空互补性，进一步提高能源系统的经济性与安全性。可再生能源为主导的能源产销模式如图 8-1 所示。

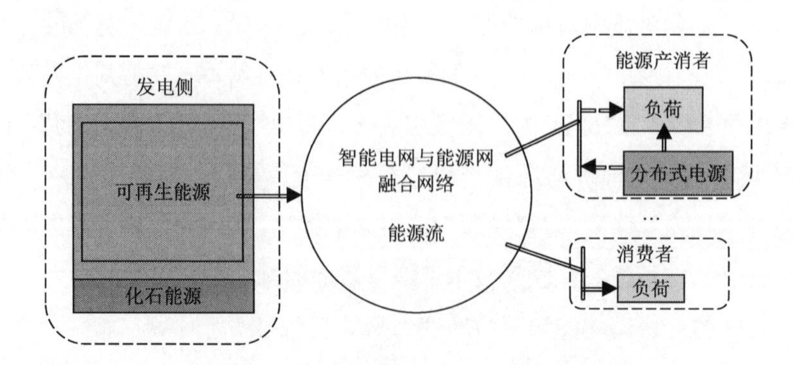

图 8-1 可再生能源为主导的能源产销模式

8.2.2　智能电网与能源网的差异化特性

智能电网的主要特点为：自愈，互动，更加安全可靠，经济高效，兼容分布式能源接入，是结合电力技术、通信技术和计算机控制技术，实现高度自动化、响应快速和灵活的电力传输系统[5, 6, 14, 15]。而智能电网与能源网的融合，将构建新一代的绿色高效的能源综合利用体系，智能电网与不同能源网之间的差异化特性是融合的驱动力之一，其特性对比如表 8-1 所示[12,16-18]。

由表 8-1 可知，能源网与智能电网交互技术使智能电网与能源网的物理融合成为可能。如何综合考虑不同能源网络的规模程度与传输效率，进行协调配合与优势互补，既是智能电网与能源网融合的目标，也是两者融合的驱动力所在。同时，天然气网、冷/热气网、氢能源网存在的调峰问题、智能交通网络存在的车流量控制问题、智能电网的峰谷差调节问题，若能协调统一调度，通过能量转移、信息引导，促进削峰填谷，将大大提高能源综合利用效率。

表 8-1　智能电网与不同能源网的特性对比

<table>
<tr><th>能源网</th><th>能量传递特点</th><th>规模</th><th>与电网交互/转换技术</th><th>传输效率</th><th>存在调控问题</th></tr>
<tr><td>智能电网</td><td>能量传递瞬时性，不能大规模存储</td><td>远距离，大规模</td><td>直交转换（整流、逆变）交流变压/直流变压</td><td>理论线损 5%～10%管理线损（人为因素）</td><td>峰谷差调节调频</td></tr>
<tr><td>天然气网</td><td rowspan="3">系统惯性较电网大，能量能够在网络中大规模储存</td><td>跨区域远距离传输，城市内网状分布</td><td>电转气（P2G）、天然气发电、冷热电联产（CCHP）</td><td>管输损耗主因：计量误差、泄漏、其他人为因素</td><td>调峰问题；气源均匀供气与用户不均匀用气的衔接</td></tr>
<tr><td>冷/热气网</td><td>城市区域网为主</td><td>热电厂（热→电/热）；冷热电联产（CCHP）</td><td>热网热效率应大于 90%～95%；受输送条件影响</td><td>调峰问题；平衡用户热量</td></tr>
<tr><td>氢能源网</td><td>液氢：短距离
气氢：长距离</td><td>电解水制氢；氢燃料电池（氢→电）</td><td>与天然气网类似</td><td>调峰问题</td></tr>
<tr><td>智能交通网</td><td>信息智能化运输系统</td><td>大范围，全方位</td><td>电动汽车充/放电；车载电池充电</td><td>—</td><td>车流量控制</td></tr>
</table>

8.2.3　互联网+：新一代ICT的来临

近年来，互联网的发展已经超越了其技术范畴，成了一种具有超强融合能力的生态环境，正以巨大的力量逐步颠覆多个传统产业的生产和经营方式，形成了极富特色的“互联网+”的技术与商业模式。互联网时代上升为“互联网+”时代，是新一代的信息通信技术（information and communications technology，ICT）[19, 20]，其目的是将互联网的创新成果深入融合到经济社会各个领域，提升实体经济创新力和生产力，形成更广泛的以互联网为基础设施和创新要素的经济社会发展新形态。表 8-2 给出了传统 ICT 和“互联网+”下新一代 ICT 的对比。

表 8-2　ICT 前后对比

	传统 ICT	新一代 ICT
信息拓扑	地域性、局域网	广域、互联网
特征	边界性	互通性
信息技术	并行、分布、网格计算 软件服务	物联网、云计算、大数据
服务模式	层级式	移动、智慧

智能电网与能源网融合之后，广域的分布式设备、多种能源网络的协调统一调度问题，仅依靠智能电网所提供的 ICT 是不够的，需要“互联网+”平台的支撑，需要云计算、大数据技术的支持。同时，“互联网+”形式下，现有能源产、输、用之间不对称信息格局将被打破，形成互联互通、透明开放、互惠共享的信息网络平台，是实现能源即插即用、综合高效利用的重要推动力。

综上，智能电网与能源网融合的驱动力可总结为“两个需求，一个推动”：①需求1，从能源的生产和消费的角度，实现大量广域分布式可再生能源的消纳；②需求 2，从能源传输的角度，实现具差异化特性的能源网之间的协调互补，促使能源综合高效利用；③推动力，“互联网+”时代下，所带来的信息对等，公平开放的能源信息网络的建设。

8.3　智能电网与能源网融合模式

智能电网与能源网融合，一方面是基于能源转换技术的物理融合，实现广域大量分布式能源的消纳；另一方面则是依托于“互联网+”技术对能源行业的渗透，实现信息层面上的融合。

现有文献对智能电网与能源网的融合多认为是里夫金提出的能源互联网[9]，但人们对能源互联网的概念理解尚存争议。文献[12]从里夫金的提法出发，认为能源互联网是以电力系统为核心、互联网为基础、分布式可再生能源为主要一次能源、与天然气网络、交通网络等其他系统耦合而形成的复杂系统；文献[11]和[21]认为能源互联网是一种在配电网、局域电网层面．融合大量分布式可再生能源、储能装置，能够实现能量和信息流动的新型高效电网结构；文献[22]则认为能源互联网的主要载体是智能配电网；而文献[23]和[24]对能源互联网的认识则强调于构建信息物理系统。尽管能源互联网概念理解不一，但在其探讨智能电网与能源网融合上，均离不开三个网络主体，即智能电网、能源网及互联网。三者之间的融合如图 8-2 所示。

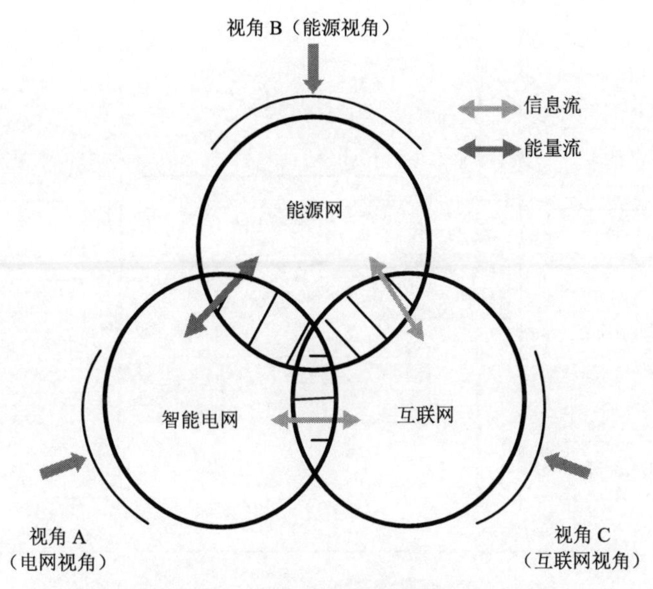

图 8-2　能源网、智能电网和互联网融合关系图

基于图 8-2，本书认为，在以用户为主体的能源产销模式下，智能电网与能源网的融合应取决于用户所感知的融合网络的核心主体，即应存在从图 8-2 中三个视角看待融合网络的三种模式，并且三种模式相辅相成，共同存在，有各自的应用约束、关键技术，下面将分别进行阐述。

8.3.1　智能电网 2.0

视角 A（电网视角）下，融合模式强调以电网为主体物理融合，将其称为智能电网 2.0。其结构示意如图 8-3 所示。

1. 物理融合特征

在这种融合方式下，强调的是用户与能源的分享和互动主要是以电能的形式呈现，融合网络的特征将是一个坚强的开放的智能电网传输网络。无论哪种形式的能源都能够接入电网并转换成电能实现其输送。

美国 FREEDM 开展了配电系统能源互联网研究[25]，日本提出以“电力路由器”实现区域间及区域内部的电网协调控制[26]；中国主张以特高压为骨干网架，输送清洁能源为主导，建立全球互联泛在的坚强智能电网[27]，这些理念与此融合模式是类似的。表 8-3 表述了该融合模式的能源利用体系。

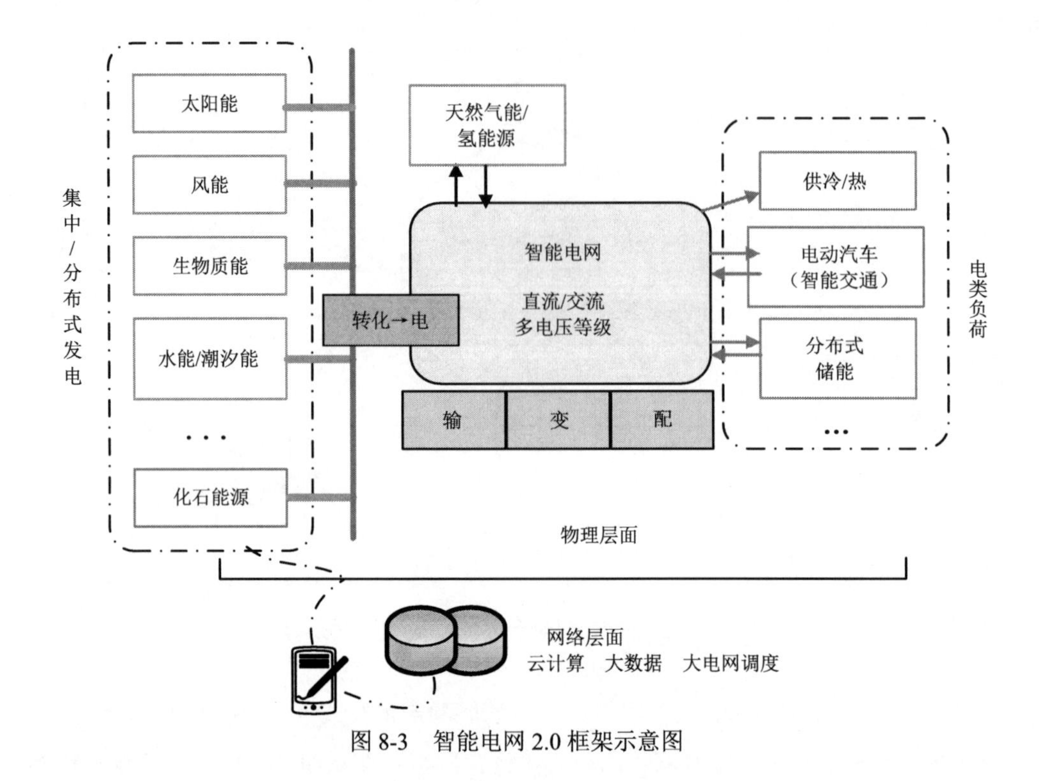

图 8-3　智能电网 2.0 框架示意图

表 8-3　能源利用体系（智能电网 2.0）

角度	概述
能源生产	化石能源、清洁能源集中/分布式发电 其他能源向电能转化
能源传输	以智能电网为主体实现电能传输 大容量远距离：特/超高压交流/直流 配电/区域：中低压交流/直流
融合网络主体	智能电网 智能电网+智能交通网
能源消费	电能消费为主体 各类电器替代对燃料的需求

2. 信息融合特征

融合互联网之后，基于新一代 ICT，用户与电网的互动更为灵活和便捷，用户侧能及时获得其用电量及电价信息，主动参与电网负荷调节，在用户获得最佳收益的同时，也促进了电网的削峰填谷、节能降损。同时，通过遍及全网的量测体系和强大的通信计算能力，使得以智能电网为主要呈现主体的融合网络更具有弹性进而更加安全经济高效运行。

综上，智能电网 2.0 模式的智能电网与能源网融合，其主要特征为：①强调以电网的形式实现各种能源互联；②用户几乎仅与电网交互；③互联网技术服务于电网运行。

8.3.2　互联能源网

视角 B（能源视角）下，融合模式强调以智能电网+能源网为主体的物理融合，将其称为互联能源网，其结构如图 8-4 所示。

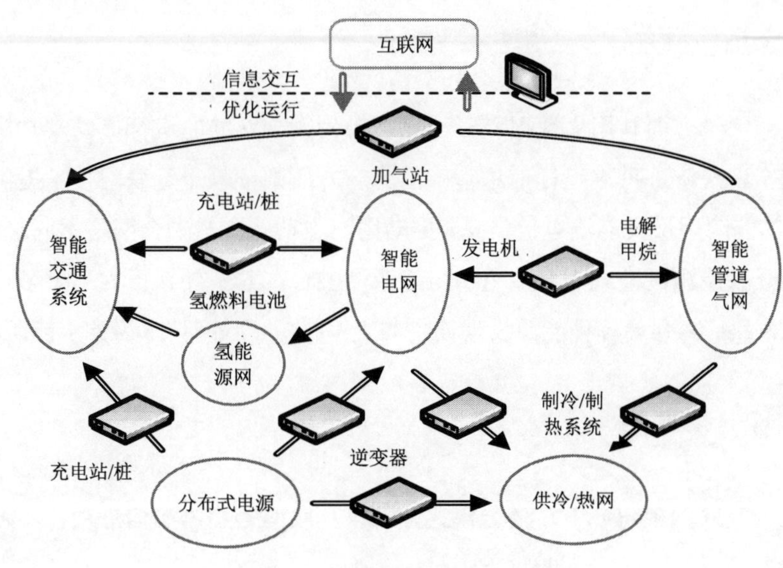

图 8-4　互联能源网框架示意图

1. 物理融合特征

互联能源网，顾名思义，即互联的能源网。在这种融合模式下，强调各种能源并列输送、互相转化。此融合模式最重要的思想在于“去中心化”，即智能电网与能源网的统一存在并无须以何种网络（如智能电网）为主导，欧盟提出的“Integrated European Energy Network”[28]和中国提出的“智能能源网”[7]便是强调以多种能源传输为主体建设智能电网与能源网的融合网络。

互联能源网下，热、冷、气、电各式的能源将通过各类能源转换器实现物理上的连接与交互，能源之间的相互转换并不一定需要经过电网，甚至在分布式电源高度渗透的未来，直接由分布式电源转化成人们需要的各种其他能源，电网在能源网中的比例将逐渐减弱。其能源利用体系如表 8-4 所示。

表 8-4　能源利用体系（互联能源网）

角度	概述
能源生产	化石能源、清洁能源集中式/分布式发电

续表

角度	概述
能源传输	多种能源网络传输并行（气、冷/热、氢） 能源路由器实现不同规模能源网互联
融合网络主体	智能电网+天然气网络（氢能源网）+冷/热网+智能交通网 智能电网+天然气网络（氢能源网）+冷/热网
能源消费	多种能源消费并存，视用户所需

2. 信息融合特征

互联能源网一方面利用大数据和云计算平台为融合网络的运行提供实时决策，是融合网络的安全、经济、可靠运行信息基础；另一方面则依赖于互联网技术提供的实时、完整、准确的能源用量及能源电价信息，推动用户主动式参与融合网络不同能源的调节。

综上，互联能源网模式的智能电网与能源网融合，其主要特征为：①融合热、冷、气各式能源网络；②强调各种能源物理连接与交互；③互联网技术服务于能源网的运行。

8.3.3　互联网+能源网

视角 C（互联网视角）下，融合模式强调以互联网为主体的信息融合，将其称为互联网+能源网。其结构示意如图 8-5 所示。

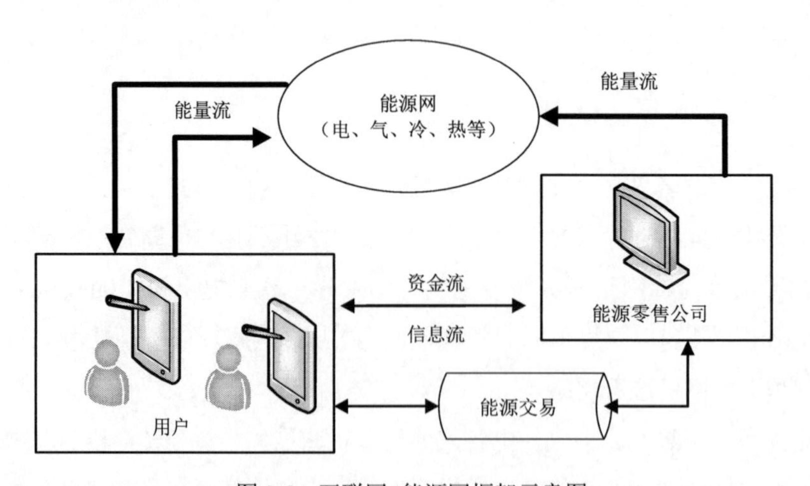

图 8-5　互联网+能源网框架示意图

1. 物理融合特征

互联网+能源网不强调物理融合，因此在物理融合特征上，其可以类似于前述两种：即以智能电网为主的电能传输网络或是多种能源网络并列输送，甚至可以是各个能源网络（天然气、冷/热网、氢能源等）从物理层面上独立运行。

2. 信息融合特征

互联网+能源网的关键在于信息的互联，利用互联网与能源行业深度融合，创造新的发展生态和商业模式，能源市场兴起。其建设的推动力除了以互联网平台为基础的信息技术外，还依赖于政策条件，如电力市场改革。《中共中央国务院关于进一步深化电力体制改革的若干意见》（中发〔2015〕9 号）提出：放开两头，管住中间。两头是指发电和用电，中间是指物理网。物理网可以理解为物理的电网、气网、冷/热网等，如果输配电价可以单独核算，那么物理网也可以单独核算，所以最终是能源供给侧和能源使用者的交易问题。德国推行的 E-Energy 中，项目 Smart Watts 将建立完全自由零售市场示范，期望零售商能够完全自由地购售电，多角度提升电网的效率[29]，其便是互联网+能源网发展的雏形。

一旦能源输送渠道价格核算清楚，从供需双方来看，能源网不再是必需的前提，信息层面上的融合才是关键，能源网只是完成双边交易的一种约束条件。所谓的约束，是指用户可以从哪些渠道（通道）获得能源。若存在某种通道约束制约了双边交易，而在此通道下又有利可图，必将有力量去推动相关网络的建设，更特别地，整个能源交易平台不用重新搭，零售层面可以在网络零售平台上做，期货可以在金融平台上做，借助于互联网的信息融合，大数据、云计算等技术将促进能源网及能源交易的安全、可靠和经济运行。

综上，互联网+能源网模式的智能电网与能源网融合，其主要特征为：①整个能源网信息透明、公开、公平、对等；②市场机制和运营模式的创新是关键；③互联网技术服务于能源网的运营。

8.3.4　三种融合模式的异同

智能电网与能源网融合的模式尽管不一，但其共同目标均是：以信息为基础，实现多种能源的互联互通，即插即用，同步共享，创新利用，使得能源的利用清洁、便捷、高效，无论哪种融合形态都会形成信息物理融合的系统，信息流与能量流的耦合越发紧密。其主要区别可分为从物理层面、信息层面上表述。

1）物理层面上的融合：可分为融合网络能源消费以电能为主（power consumption，PC）和以多种能源（电、天然气、氢气、冷/热气等）(energy consumption，EC）并存两种形式。前者为智能电网 2.0 的模式，后者为互联能源网模式，互联网+能源网则皆有可能。

2）信息层面上的融合：根据互联网技术在融合网络的主要应用，可分为互联网技术应用于融合网络的优化运行为主及应用于融合网络的运营为主两种模式。智能电网 2.0 及互联能源网属于前者，互联网+能源网则属于后者。

8.4　关键支撑技术

智能电网与能源网不同的融合模式，有着相应核心的技术，物理层面上的融合是 PC 形式还是 EC 形式？信息层面上对于互联网技术的应用是以运行为主还是运营为主？物理技术的支撑、运营模式的设计等关键技术是其重要应用约束。

从能源的生产到消费，中间融合网络的关键技术应包括能源存储技术、能源转换技术、网络规划设计/运行控制技术、信息物理融合技术、运营模式设计技术等，如图 8-6 所示。

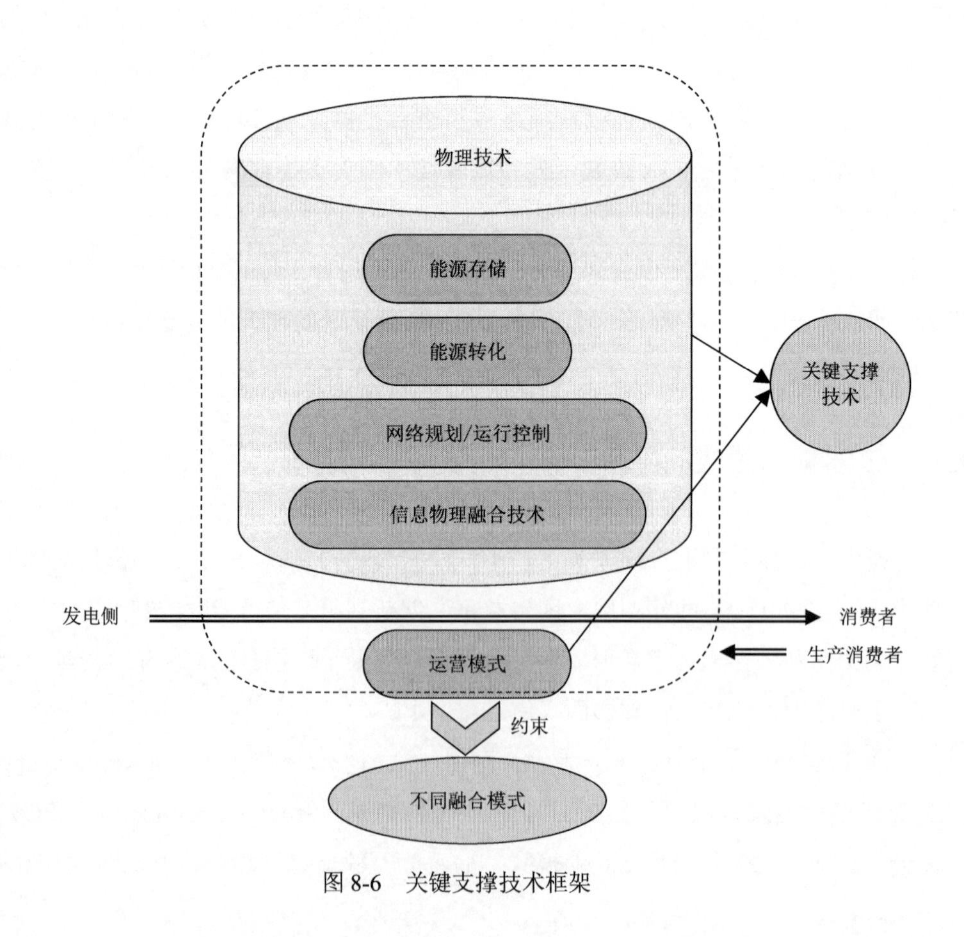

图 8-6　关键支撑技术框架

8.4.1　能源存储技术

随着可再生能源的大量并网，储能技术可以有效地平滑负荷，解决可再生能源发电的间歇性和随机波动性问题，减少峰谷差，提高现有系统设备的利用率及其运行效率，提高系统运行稳定性[30-32]。

在能源互联网背景下，储能不仅包含实现电能存储及双向转换的设备，还应包含电能与其他能量形式的单向存储与转换设备，包括电力与热能、化学能、机械能等。传统配电网规划中仅针对电负荷供给平衡，而在能源互联网中，该平衡将拓展为包括冷负荷、热负荷在内的多种后消费能量综合平衡。图 8-7 就是电化学储能、储热、氢储能、电动汽车等储能技术围绕电力供应的示意图，在该体系中实现了电网、交通网、天然气管网、供热供冷网的“互联”，多种能源形成了耦合关系，达成了“多能互补”的格局。冷热电联供系统（combined cooling，heating and power system；CCHP）、电解制氢-燃料电池发电等技术都是典型贯彻多能互补理念的能源技术。

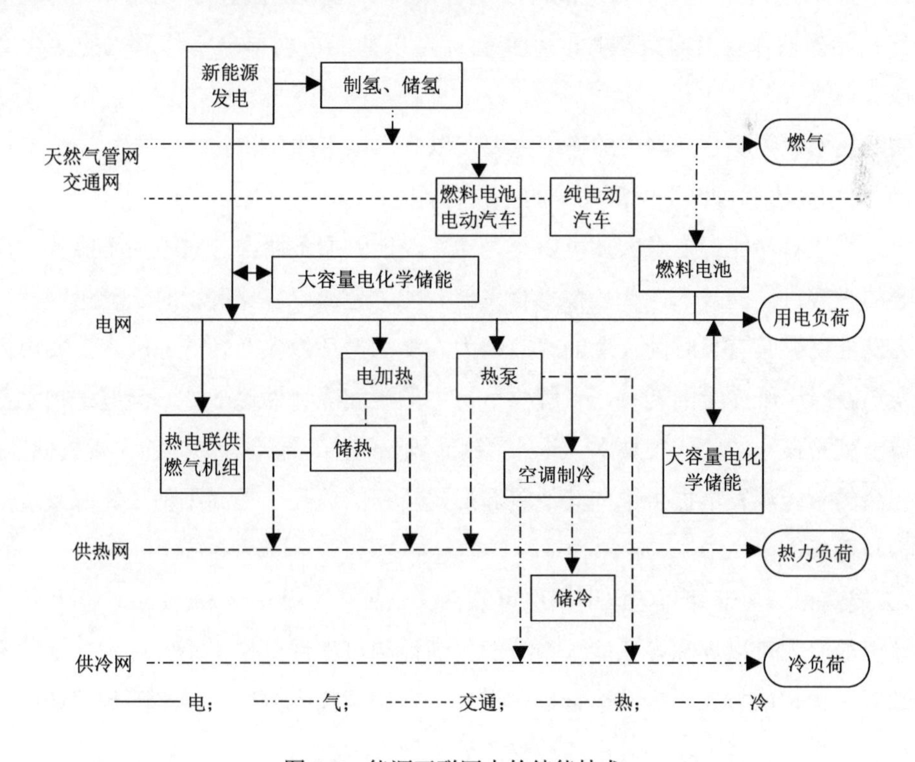

图 8-7　能源互联网中的储能技术

电能存储技术的出现，将电能的生产和消费从时间上、空间上解耦，使得电能可以更灵活调度和高效利用。物理储能方面，抽水蓄能技术相对成熟，可存储大规模电能，达兆瓦级时，仅受水库容量限制，效率高达 75%[32]；压缩空气储能是另一种能大规模储能装置，但目前传统压缩空气储能依赖于化石能源、需特定建造储气室，与可再生能源耦合/带蓄热/微小型/液化/压缩空气系统是压缩空气储能的发展趋势[32]；超导磁储能、飞轮储能、超级电容器等储能技术难以达到兆瓦时级，提高能量密度和降低造价成本的潜力有待进一步挖掘。化学储能方面，以电池为主要载体，其功率和能量可根据需求灵活配置，但电池的使用寿命受限，成本高，是需要突破的技术难题。

相对于电能存储，储热技术中显热储热和潜热储热发展较成熟，成本低且具一定工业应用，但两者储热周期有限，长期储热损耗较大，且不适宜远距离传输；化学储热理论上具有储热密度高、可远距离传输、损耗小的优点，但目前应用存在技术复杂及成本高的问题[33]。储气技术目前主要是采用储气库，储气库的建设及运行维护管理是储气技术的重点，同时，气/冷/热均可在能源传输管道中大规模存储。

储能技术（储电、储气、储热）在融合网络的应用约束指标主要包括技术水平和经济成本。技术水平主要指储能设备的转换效率、使用寿命及是否能够大规模工业生产；经济成本则包含了设备制造成本及运行成本。当电能储存技术的应用约束指标相比储气、储热技术更具有突破性时，将会促进以智能电网单一主体形式的融合网络不断形成。

储能技术在能源互联网中的作用主要可以分为以下四类。

1）支撑高比例可再生能源发电的电网运行。

电力系统对储能的需求大体可以分为功率、能量服务两类。对于功率服务，需要响应快速的大容量储能技术，代表技术有飞轮储能、超级电容器等；对于能量服务，双向的电力储能需要具有长时间尺度的存储能力、高的循环效率及较低的成本，实现可再生能源发电在时间维度上的转移，以解决可再生能源间隙特性这一核心问题：抽水蓄能、电池储能就是该领域的代表技术。此外，制储氢、储热、储冷等单向的大规模储能技术，也为冗余的新能源发电提供了向其他能源形式转移的途径，提高了整个能源系统运行的灵活性与可靠性。

2）提高系统灵活性与配电网用电可靠性。

储能的引入可以提高多元能源系统的灵活性和可靠性，使得不同种类、空间、时间的能源以最优化的方式来流动运行。在提高电网调频能力方面，减小因频繁切换而造成传统调频电源的损耗；在提升电网调峰能力方面，根据电源和负荷的变化情况，及时可靠响应调度指令，并根据指令改变其出力水平；在提高配电网的用电可靠性方面，当配电网出现故障时，作为备用电源持续为用户供电；在改善电能质量方面，作为系统可控电源对配电网的电能质量进行治理，消除电压暂降、谐波等问题。

3）储能将在能源互联网中发挥能量中转、匹配和优化的重要作用，为多元能源系统能量管理和路径优化提供支持。

储能和释能管理是多能源系统运行决策的重要对象。能源互联网的信息与控制系统可依据储能状态的信息，对整体网络中的储能器件进行统一的运行管理，维持系统内供需平衡，优化储能的功率流向和大小，从而使系统获得最优的能效、能量流路径与经济效益。

4）提高能源交易的自由度。

传统的电能的生产、传输与消费几乎是即时的，整个系统显现出刚性，能源交易的自由度不高，因此形成了传统的垄断式层级结构。储能技术不仅建立了多种能源之间的耦合关系，更为能源互联网互动、开放、优化共享的机制和目标提供了必要的支撑。基于储能技术，才能使许多在空间、时间上分布不均的可再生能源被有效地存储，并在更需要的时候进入能源体系，从而使得能源交易市场具有更好的弹性。比如，户用光伏用户可以用储能存储白天发出的多余的电能，参与市场交易；或者将谷时段电能存储后再在峰值时刻卖出，从而实现套利。储能技术有助于提高市场主体参与市场竞争的灵活性，增加市场模式的多元性，可以促进消费者（consumer）向产销一体者（prosumer）方向转化，促进能源系统的扁平化、去中心化，从而提高市场运行活力和效率。

8.4.2 能源转换技术

智能电网与能源网的融合需依托于能源转换器这一重要媒介。除了传统的一次能源（风、光、化石能源、水、核等）向电能/热能/化学能转化、传统电网中的交流变压器、整流/逆变器实现不同电压等级交流、交直流转换之外，近年来P2G（power to gas）技术、CCHP、直流变压器、柔性直流等技术也受到了广泛关注，特点如表8-5所述。

表8-5 不同能源转换技术特点

转换技术	特点
P2G[34, 35]	电→氢，效率约70%～90% 电→氢→甲烷，（天然气）效率可达80% 电→氢→甲烷→电，效率约20%～40%
	电网、天然气/氢气双向互动，削峰填谷
	进一步提高转换效率/对负荷响应速度
CCHP[36]	天然气→电/冷/热，能源总利用率可达80%
	能源梯级利用，削峰填谷，降低能耗
	综合考虑天然气燃烧成本/缩小规模安装入户

续表

转换技术	特点
直流变压器[37]	DC→DC 斩波型/变压器隔离型/谐振型/自耦型
	减少交流变压器体积、成本
	推动直流电网建设，需进一步工程论证
柔性直流[38]	AC→DC→AC
	区域新能源并网和消纳、有功/无功独立调节
	高压大容量/构建多端直流电网是其发展趋势

另外，融合能量流和信息流的能源转换技术正在兴起。例如，美国 FREEDM 提出的能源路由器（energy router），其以固态变压器、通信平台及控制器实现不同电压等级的 AC/DC、DC/DC 及 DC/AC 变换[39]；苏黎世联邦理工学院研究团队开发的“Energy Hub”则在一个集成网络中实现了电/天然气/冷/热能源的存储与转换[34,40]。

类似于储能技术，能源转换技术在融合网络的应用约束指标亦包括技术水平和经济成本。固态变压器、柔直等基于电能的能源转换技术的发展将促使以 PC 形式的融合网络形成；EC 形式的融合网络则需 P2G、CCHP、Energy Hub 等多能源流转换技术的推动。

8.4.3 直流电网

目前全球范围内运行的配用电网络主要都是基于交流输电技术，随着电力用户电气化水平的提高和信息技术的迅速发展，分布式能源发电技术的长足发展及电力储能系统的逐步推广应用，使用直流驱动的负载比重也越来越大。然而，基于传统的交流输电技术在驱动直流负载时必须要经过一轮甚至是多轮的交—直/直—交的转换环节，目前配电网中交直流能量变换损耗高、配用电灵活性差、配用电环节匹配性低的问题日益凸现，低能效带来的能源结构低碳化的压力同样与日俱增。如果直接采用直流配用电技术，可以减少配用电过程中交直流转化的中间环节，提高配电网的用电可靠性和灵活性，从而妥善解决分布式新能源和储能系统接入以后的系统稳定问题，是国际配用电研究领域的重要发展方向。

根据 2011 年国际大电网会议（CIGRE）B4-52 工作组在 *HVDC Grid Feasibility Study* 中给出的定义，直流电网是换流器直流端以互联组成的网格化结构电网。将直流侧的直流传输线连接起来，形成“一点对多点”或“多点对一点”的形式，这样就形成了直流电网。直流电网的拓扑结构由用途决定，可以分为网状（主要用于输电网）与树枝状（主要用于配电网）两大类。在负荷密集的区域，直流电网使用网状结构可以保证供电的高可靠性和容量输送；在配电网中，树枝状结构可以更有效地将直流电压降到用户负荷的要求电压等级。在直流电网中，电压源换流器可以限制电压波动；基于电力电子技术的直流断路器可毫秒级分断电流，配合运行控制系统可以实现潮流的快速调整。因此，建立直流电网，将可再生能源与传统能源广域互联，可以充分实现多种能源形式、多时间尺度、多用户类型之间的互补。

直流配用电网可有效解决目前配用电网络能量变换损耗大、新能源和储能系统接入不灵活、电能难以实现双向传输的问题，可大大改善配电网的用电可靠性、效率和灵活性。具有传统配用电网不可比拟的优点：①非常适合风能、太阳能等分布式新能源的灵活接入，我们知道各种新能源发电稳定可靠接入最好的方式是直流；②非常便于储能系统接入，因为所有的储能系统都是基于直流而非交流的；③非常适合大容量配用电网能量传输，能够满足日益增长的用电负荷需求；④基于高温超导电缆的直流配用电网更具有传输损耗低、输送容量大、系统可靠性和灵活性高等优势；⑤采用电压源换相的地下直流电缆输电，不仅比交流三相电缆占用空间小，单位输送功率高，而且绝缘性好，不存在电容电流，适合远距离电缆送电；⑥直流配电系统只需要 2 根导线，建设成本低。

8.4.4 网络规划设计/运行优化控制

区域级能源融合网络存在电/气/冷/热等多种能源形式、多种能源转化环节、多种运行方式及多样性的用户用能需求。对于这样一个复杂的对象，实现对其设计方案的科学评价比选，挖掘和利用不同能源之间的互补替代性，实现各类能源由源至荷的全环节、全过程协同优化设计，是需要解决的关键技术难点。

区域级能源融合网络优化规划设计的目的是：在满足差异化用户供能可靠性要求的前提下，科学地实现系统内各种分布式能源类型及容量、系统拓扑结构等的选择和设计。其核心包括优化规划设计方法、综合评价指标体系及规划设计支持系统。首先，构建一套科学的综合评价指标体系和评价方法，是进行区域级能源融合网络一体化设计和运行调控的关键；科学考虑电/气/冷/热负荷的时空分布特性和用户需求差异性，深入挖掘利用不同能源间的互补替代能力，是区域级能源融合网络一体化设计的核心工作。其次，区域级能源融合网络协同优化设计优选需要适于各种时空场景的微能源网运行模式和调控策略，以实现对微能源网不同运行场景的精确分析；需深入研究系统内各种设备和环节在不同场景下的工作特性，以获取系统不同工作模式下的运行约束；需要通过经济性对比，以确定融合网络是智能电网单一主体形式还是多能源网架主体形式；需在统一考虑系统设计方案的安全性、经济性、能源利用效率、用户舒适性和社会效益等因素基础上，建立系统多目标优化设计模型；需基于全生命周期设计理念，综合考虑系统不同运行阶段特征，采用多场景协同优化分析方法，对网络的拓扑结构、储能装置的选址定容、能源转换器的布局等问题进行求解。

融合网络的规划设计/运行优化属于数学优化的范畴，其目标函数和约束条件如表 8-6 所示。

表 8-6　数学模型对比

<table>
<tr><th>数学模型</th><th>规划设计</th><th>运行优化</th></tr>
<tr><td>目标函数</td><td>经济性（建设投资费用、运行成本）</td><td>运行经济性（损耗小）安全性</td></tr>
<tr><td rowspan="2">约束条件</td><td>安全性/可靠性</td><td>调控手段限制</td></tr>
<tr><td colspan="2">网络物理特性
智能电网：潮流约束、储能容量约束等
天然气网/氢能源网/冷热气网：节点气量平衡约束、输气管道流量约束、输气管道与储气设施容量约束等[12]
智能交通网：交通网络流量、充电装置容量约束等</td></tr>
</table>

运行优化控制层面，则需充分调动融合网络中的控制手段，计及 DG、负荷变化、电力电子接口等的随机动态特性，利用互联网云计算平台，实现融合网络的实时优化调度。

8.4.5　信息物理融合技术

智能电网与能源网融合是能量流与信息流的深度耦合，将广泛地利用信息物理系统（cyber pysical system，CPS），实现能源双向按需传输和动态平衡使用，最大限度适应新能源的接入[11, 41, 42]。

CPS 是集 3C（computation，communication，control）技术在物理系统中的深度整合[42]。目前 CPS 在智能电网中应用研究，方向主要包括了电网信息物理融合建模、电网信息物理系统分析（潮流分析、态势感知、安全性分析等）、基于信息物理融合模型的电网优化控制等[43, 44]，基于互联网的大数据平台及基于流计算、内存计算、并行计算的云计算平台是 CPS 重要的数据和计算资源[23, 24]。

CPS 在智能电网与能源网融合网络中的技术体现，一方面是实现融合网络运行上的全局优化与局部协调控制；另一方面则是在 CPS 架构下基于互联网平台实现对能量流的运营管理，CPS 于融合网络的应用体系如图 8-8 所示。

相比 PC 形式的融合网络，CPS 在 EC 形式物理网的应用中，能量流需要计及电/气/冷/热等混合能量流，相应的分析控制方法亦需考虑混合潮流的协调优化等；互联网技术应用于融合网络运营为主的模式下，CPS 技术中信息流除了包含优化运行控制所需信息外，需进一步拓展商业交易信息，如实时交易量等。

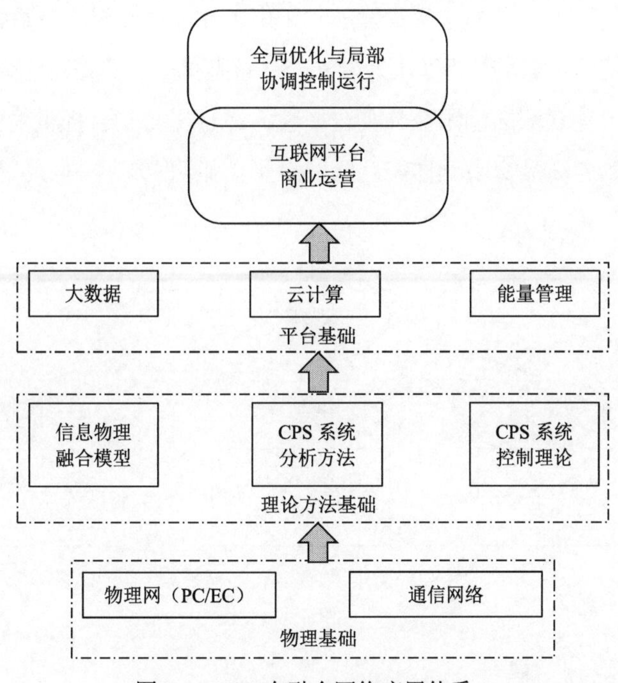

图 8-8　CPS 在融合网络应用体系

8.4.6　运营模式

智能电网与能源网的融合，除了需要物理层面的技术支撑外，以互联网信息技术为支撑的、整个能源网络的运营模式，包括能源交易、产业链延伸等方面，将使得融合网络显得更具活力，而其发展更多是受到政策环境约束。

1. 交易模式

传统电力工业是高度垂直管理的垄断行业，扭曲了电力商品的真实价格，而且效率低、服务差。智能电网 2.0 要求电力回归其商品的本质，在激烈竞争的市场环境下，改变原有的不考虑质量的单一定价机制，实施电能按质定价，提供差异化服务和多样化的电能产品，并提出低质量电能的经济赔偿方案。即供用电双方为了规避电力市场的风险，追求各自的最大经济利益，供电公司实施多质量等级电能供应，进行区别定价。不同用电种类的用户，根据购买者的经济水平和用电可靠性要求等，选择不同等级的电能质量。最终在互联网交易平台上形成基于成本和市场需求的合理电价及反映市场供求关系的电价机制。

互联网技术在智能电网 2.0、互联能源网中更多体现在其融合网络的优化运行。它们的交易模式不依赖于互联网平台：智能电网 2.0 下强调电能的交易及电力市场的构建，此时电价的核算及售电公司的定位与发展成为电力交易的关键；互联能源网则需要解决不同能源之间的经济当量转换，以作为能量交易核算的一个标准；互联网+能源网在能源交易上，侧重基于互联网的能源交易平台搭建，通过交易平台提供对等、及时的信息，每个用户主体可以向商品交易一样在互联网上买卖能源[45]。不同模式融合网络的交易模式如图 8-9 所示。

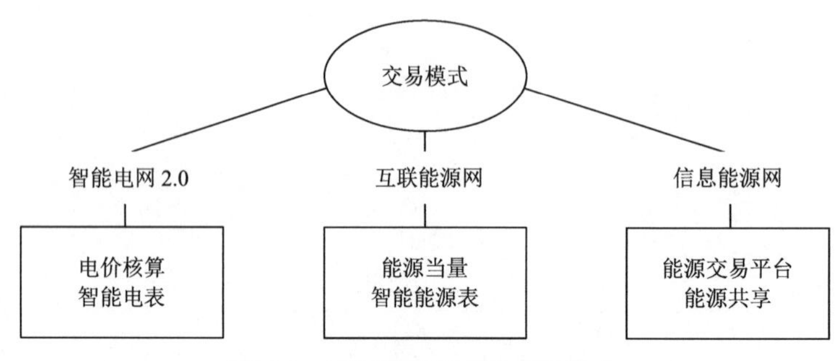

图 8-9　不同融合方式的交易模式

2. 产业链延伸

互联网技术应用于融合网络运营为主的融合模式（互联网+能源网）下，将进一步推进以互联网技术为基础的服务与运营的延伸产业链。利用互联网信息网络及数据平台对融合网络生产、传输、消费等环节提供更多优质便捷的服务。

运维创新服务：大量的用户建立分布式发电之后，其自身不具备维护和维修技术，需要专业的运维服务，由此将催生专业的运维公司。这种运维公司必将依赖于智能化的用户设备运行数据，线上管理用户发电设备，降低故障率和上门维修概率，极大提高运维生产效率。

智能家电数据中心服务：通过大数据掌握用户的使用习惯和偏爱，一方面提高负荷预测精度、电网规划和运行的效率与效益、实现高效的需求侧管理，另一方面可以促进用户智能用能管理。

产业链的延伸，将使得互联网技术渗透能源行业的方方面面，将建设更互动、更柔性的互联网+能源网。

除此之外，能源互联网平台可收集各类用能数据，智能比较、分析用能行为，从而支持业务人员实现数据探查、分析，辅助业务决策，而且还可以提供面向部分客户的数据开放服务，从而更好地促进能源互联网的基础物理网络建设规范与应用层面的管理。平台的主要意义有：①预测和优化能量的产生、调配和消费行为，比如，基于天气数据预测光伏、风电的出力，优化电网中的其他电的出力和调配，减少弃光弃风，并基于此设计出分时能源价格，引导用户的用能行为；②依靠大数据，分析预测系统用能行为，针对可能到来的极端情况、系统薄弱环节设计针对方案，统一调配各个物理网络中的多种能源的运行情况提高系统的运行安全、稳定、可靠性；③依靠大数据分析各种用能行为，通过信息的增值来提供创新性、个性化的服务，从而开发新的商业模式。

8.5 能源互联网对配电网用电可靠性的影响分析

能源互联网的变革有助于创造开放、自由、充分竞争的市场环境，这将激发市场中各商业主体的积极性，从而实现更大的价值创造与市场的高效运行。能源联网的一大本质是要去中心化、扁平化，这将使得原本高度垄断的电力、油气能源市场中出现更多的市场主体，使原有的能源市场变得更加活跃，这是能源互联网构建的最大原动力。在充分竞争的能源市场中，各商业主体将会而且必须自觉提高自身竞争力：在供应侧，能源生产商需要更高效、更低成本的生产优质能源，以应对多家竞争企业的挑战，甚至普通消费者也可以同时成为能量供应者（prosumer）；在传输侧，能源传输商需要理性评估能源传输系统的规划方案实现资产的高效利用；而在零售和消费侧，能源零售商需要以用户为中心提供个性化的用能服务，提高用户用能经济性和可靠性，从而优化用户的用能体验、让能源支出更为经济[46]。

在能源互联的大背景下，作为多种能源互联枢纽的电力网络具有更高的可靠性，尤其是直接连接用户负荷的配电网必须要智能化，具备“自愈”的特点和能力，能够准确识别用户用电情况，实时分析计算配电网存在的各种安全隐患并预测可能发生的各种扰动，综合利用配电网的各种资源，在正常运行状态下采取预防控制与优化控制策略，在非正常运行情况下则采用紧急控制及恢复控制等手段，既使配电网能够最最短时间从故障状态或亚故障状态调整为良好工作状态，又可以在正常工作状态下以最优模式运转。

通常来看，能源互联网将从以下方面影响供用电可靠性：

1）能源互联网中由于灵活的拓扑变换，一旦供电可靠性受到影响导致供电中断，将立即转换为微网运行模式，可以保证用电可靠性受损程度最小化。

2）能源互联网中由于多能互补的特点，在供电不足的情况下，可以启动其他能源系统来满足用户用能的需求。此时用电需求更多地将转换为用能需求，即便供电可靠性下降，也不影响用户用能需求；由于用电需求转化成用能需求，用电可靠性可以认为没有受到实质性影响。

3）配电网作为能源互联网的骨干网络，由于分布式电源、储能、电动汽车、可控负荷等要素的存在，配电网的需求侧响应能力大大增强，对用电可靠性起到了重要的保障作用，此时供电可靠性的要求也相应可以降低，这对电网投资是一个重要的影响：电网没有必要再为供电可靠率99.9%以上的部分付出巨额的投资。

作为能源互联网中的关键环节，智能配电网自愈功能将能够有效应对系统中发生的扰动事件，防止或遏制电力供应的重大干扰；通过减少人为操作对配电网运行的干预，降低配电系统经受干扰或供电中断对电力系统和用户的影响，实现智能配电网自主的对故障感知、诊断、决策、恢复，它能在更短时间内完成故障清除和供电恢复，同时掌握用户负荷运行状态，关注并消除电能质量问题对用户负荷的影响，具有要求更高的用电可靠性。突破供电可靠性的局限，关注用电可靠性，是智能配电网发展的必然趋势，也是提高电网企业在自由充分竞争的能源互联网时代的竞争力的重要手段与措施。

8.6 本章小结

本章探讨了智能电网与其他能源网之间的融合问题，描述了能源互联网的主要形态与特征，并分别从智能电网2.0、互联能源网和互联网+能源网等三个角度出发，详细介绍了智能电网和能源网的融合模式和其关键支撑技术，揭示了智能电网在能源互联网新背景下作为多种能源互联枢纽的重要作用，分析了能源互联网对智能配电网用电可靠性的影响因素和新应用场合下的可靠性技术要求。

参考文献

[1] Mani S，Dhingra T．Diffusion of innovation model of consumer behaviour-ideas to accelerate adoption of renewable energy sources by consumer communities in India[J]. Renewable Energy，2012，39(1)：162-165..

[2] 刘金朋. 基于资源与环境约束的中国能源供需格局发展研究[D]. 北京：华北电力大学，2013.

[3] Anon. European super grid[EB/OL]. [2017-07-30]. http://en.wikipedia.org/ wiki/European_super_grid.

[4] Saidi L，Fnaiech F. Experiences in renewable energy and energy efficiency in Tunisia：Case study of a developing country[J]. Renewable and Sustainable Energy Reviews，2014，32：729-738.

[5] 张东霞，姚良忠，马文媛，等. 中外智能电网发展战略[J]. 中国电机工程学报，2013，33(31)：1-14.

[6] 胡学浩. 智能电网：未来电网的发展态势[J]. 电网技术，2009，33(14)：1-5.

[7] 王明俊．智能电网与智能能源网[J]．电网技术，2010，34(10)：1-5.

[8] 周孝信，鲁宗相，刘应梅，等. 中国未来电网的发展模式和关键技术[J]. 中国电机工程学报，2014，34(29)：4999-5008.

[9] Rifkin J.The Third Industrial Revolution：How Lateral Power is Transforming Energy，the Economy，and the World[M]. New York：Palgrave MacMillan，2011.

[10] 田世明，栾文鹏，张东霞，等. 能源互联网技术形态与关键技术[J]. 中国电机工程学报，2015，35(14)：3482-3494.

[11] 曹军威，杨明博，张德华，等. 能源互联网——信息与能源的基础设施一体化[J]. 南方电网技术，2014，(4)：1-10.

[12] 董朝阳，赵俊华，文福拴，等. 从智能电网到能源互联网：基本概念与研究框架[J]. 电力系统自动化，2014，38(15)：1-11.

[13] 任东明，谢旭轩，刘坚. 推动我国能源生产和消费革命初析[J]. 中国能源，2013，35(10)：6-10.

[14] Cardenas J A，Gemoets L，Ablanedo Rosas J H，et al. A literature survey on smart grid distribution：An analytical approach[J]. Journal of Cleaner Production，2014，65：202-216.

[15] Fadaeenejad M，Saberian A M，Fadaee M et al．The present and future of smart power grid in developing countries[J]. Renewable and Sustainable Energy Reviews，2014，29：828-834.

[16] 田晓翠，董常龙，杨正然，等. 天然气管输损耗分析与控制综述[J]. 当代化工. 2014，43(7)：1322-1325

[17] 丛颖. 珲春市集中供热能耗与环境效益分析[D]. 长春：吉林大学，2006.

[18] 葛春定，刘建清. 国外氢能源经济研究简述[J]. 华东电力. 2012，40(12)：2142-2144.

[19] 李海舰，田跃新，李文杰. 互联网思维与传统企业再造[J]. 中国工业经济. 2014(10)：135-146.

[20] 于扬. 所有传统和服务应该被互联网改变[EB/OL]. [2017-07-01]. http//www.netofthings.cn/GuoNei/2015-07/5705.html.

[21] 于慎航，孙莹，牛晓娜，等. 基于分布式可再生能源发电的能源互联网系统[J]. 电力自动化设备，2010，30(5)：104-108.

[22] 蒲天骄，刘克文，陈乃仕，等. 基于主动配电网的城市能源互联网体系架构及其关键技术[J]. 中国电机工程学报. 2015，35(14)：3511-3521.

[23] 王继业，孟坤，曹军威，等. 能源互联网信息技术研究综述[J]. 计算机研究与发展，2015，52(5)：1109-1126.

[24] 刘东，盛万兴，王云，等. 电网信息物理系统的关键技术及其进展[J]. 中国电机工程学报. 2015，35(14)：3522-3531.

[25] Huang A，Crow M L，Heydt G T，et al. The future renewable electric energy delivery and management (FREEDM) system [J]. Proceedings of the IEEE，2011，99(1)：133-148.

[26] Boyd J. An Internet-Inspired electricity grid [J]. IEEE Spectrum，2013，50(1)：12 -14.

[27] 刘振亚. 全球能源互联网[M]. 北京：中国电力出版社，2015：119-253.

[28] European Commission’s Directorate-General. Priorities for 2020 and beyond-A blueprint for an integrated European energy network，COM/2010/0677[R]. Brussels：European Commission’s Directorate-General for Energy，2011.

[29] Federal Ministry of Economics and Energy of Germany[EB/OL]. [2013-06-26].E-Energy project official website. http://www.e-energy.de/en/index.php.

[30] Cipcigan L M，Taylor P C. Investigation of the reverse power flow requirements of high penetrations of small-scale embedded

generation[J]. Renewable Power Generation，2007，1(3)：160-166.

[31] Yang Z，Zhang J，MC K M．Electrochemical energy storage for green grid[J]．Chemical Reviews，2011，111(5)：3577-3613.

[32] 张文亮，丘明，来小康. 储能技术在电力系统中的应用[J]. 电网技术，2008，32(7)：1-9.

[33] 吴娟，龙新峰. 太阳能热化学储能研究进展[J]. 化工进展，2014，33(12)：3238-3245.

[34] 王一家，董朝阳，徐岩，等. 利用电转气技术实现可再生能源的大规模存储与传输[J]. 中国电机工程学报. 2015，35(14)：3586-3595.

[35] Redissi Y，Er-rbib H，Bouallou C. Storage and restoring the electricity of renewable energies by coupling with natural gas grid[C]//Proceedings of 2013 International Renewable and Sustainable Energy Conference(IRSEC). Ouarzazate：IEEE，2013：430-435.

[36] Xu D H，Qu M．Energy，environmental，and economic evaluation of a CCHP system for a data center based on operational data[J]．Energy and Buildings，2013，67：176-186.

[37] Chen W，Huang A，Li C S，et al. Analysis and comparison of medium voltage high power do/dc converters for offshore wind energy systems[J]. IEEE Transactions. on Power Electronics，2013，28(4)：2014-2023.

[38] 汤广福，贺之渊，庞辉. 柔性直流输电工程技术研究、应用及发展[J]. 电力系统自动化，2013，37(15)：3-14.

[39] Xu Y，Zhang J H，Wang W Y，et al. Energy router：Architectures and functionalities toward energy internet[C]//IEEE International Conference on Smart Grid Communications，2011：31-36.

[40] Geidl M，Klokl B，Koeppel G，et al. Energy Hubs for the Futures [J]. IEEE Power & Energy Magazine，2007，(1)：24-30.

[41] Poovendran R. Cyber physical system：close encounters between two parallel worlds [J]. Proceeding of the IEEE，2010，98(8)：1363-1366.

[42] 赵俊华，文福拴，薛禹胜，等. 电力 CPS 的架构及其实现技术与挑战[J]. 电力系统自动化，2010，34(16)：1-7.

[43] 赵俊华，文福拴，薛禹胜，等. 电力信息物理融合系统的建模分析与控制研究框架[J]. 电力系统自动化，2011，35(16)：1-8.

[44] Macana C A，Quijano N，Mojica-Nava E，et al. A Survey on Cyber Physical Energy Systems and their Applications on Smart Grids [C]. Proceeding on Innovative Smart Grid Technologies，IEEE，Saudi Arabia，Jeddah，17-20 December，2011.

[45] 李立涅，张勇军，陈泽兴，等. 智能电网与能源网融合的模式及关键技术[J]. 电力系统自动化，2016，40(11)：1-9.

[46] 张勇军，陈泽兴，蔡泽祥，等. 新一代信息能源系统：能源互联网[J]. 电力自动化设备，2016，36(9)：1-7.